这才是
孩子爱看的
安全
自救书

邓中华 ◎ 著

台海出版社

图书在版编目（ＣＩＰ）数据

这才是孩子爱看的安全自救书 / 邓中华著 . -- 北京：
台海出版社，2023.7（2023.11 重印）

ISBN 978-7-5168-3568-5

Ⅰ . ①这… Ⅱ . ①邓… Ⅲ . ①安全教育－少儿读物

Ⅳ . ① X956-49

中国国家版本馆 CIP 数据核字（2023）第 092207 号

这才是孩子爱看的安全自救书

著　　者：邓中华

出 版 人：蔡　旭　　　　　　　　　　封面设计：天下书装

责任编辑：魏　敏

出版发行：台海出版社

地　　址：北京市东城区景山东街 20 号　　　邮政编码：100009

电　　话：010-64041652（发行，邮购）

传　　真：010-84045799（总编室）

网　　址：www.taimeng.org.cnthcbs/default.htm

E － mail：thcbs@126.com

经　　销：全国各地新华书店

印　　刷：三河市双升印务有限公司

本书如有破损、缺页、装订错误，请与本社联系调换

开　　本：710 毫米 ×1000 毫米　　　　　1/16

字　　数：150 千字　　　　　　　　　　印　　张：11.25

版　　次：2023 年 7 月第 1 版　　　　　　印　　次：2023 年 11 月第 3 次印刷

书　　号：ISBN 978-7-5168-3568-5

定　　价：59.80 元

小朋友，你们好！不知道你们有没有看过电影《亲爱的》？这部电影改编自真实事件，主要讲述了主人公田文军和妻子离婚后，儿子田鹏失踪，两个人从此踏上了漫漫寻子路的故事。在寻子的过程中，他们又遇到了许多同样在寻找孩子的父母……

令人激动的是，2021年，《亲爱的》原型之一的孙海洋在历经14载之后，终于找到了失散14年的儿子。但这种幸运真的是少之又少，更多被拐卖的孩子一辈子都没有机会再见到自己的亲生父母。

也许你会觉得被拐卖是很遥远的事，事实上它每天都在发生，所以还是要处处小心提防为妙。当你独自在外遇到陌生人时，不要透露个人信息，也不要接受对方给你的东西。没有爸爸妈妈的允许，不要和陌生人一起离开家或学校。如果发现被人跟踪或遇到人贩子，要用正确的方法求救和脱困。

对于幼小的我们来说，危险并不只有被拐卖。即便是待在家里和学校里，也并不意味着安全。寒暑假期间，你的爸爸妈妈有没有因为上班忙，叮嘱你自己在家里学习、玩耍呢？你是不是也乐意答应？没有爸爸妈妈的管束，是多么自由啊。但是，一个人在家，可不代表你想做什么就可以做什么，家里也隐藏着很多安全隐患。

比如你不要因为好奇就爬上窗台，或者往楼下扔东西。不要乱碰家里的插头和插座，也不要往身体里塞东西。捉迷藏时不要躲到危险的地方，独自在家时不要给陌生人开门。

当然，你不可能总是"宅"在家里，你要出门上学、放学回家，交通安全一定要了解。过马路时要遵守交通规则，远离路上的井盖和下水道口。如果你未满12周岁，不要骑自行车上路。

不要在车子行驶时吃东西，也不要在车辆前后玩耍。当被困在车里时，要学会用正确的方法自救。

当你进入学校时，也要保护好自己的安全。不要携带危险和违规物品进入校园。上体育课时，不要随意攀爬运动器材，不做危险动作。训练和比赛过程中发现身体不适，要及时告知老师，必要时要及时就医。

面对校园霸凌，你要自信、勇敢，要有反抗的勇气，尽快脱离危险，及时向老师、家长、警察寻求帮助。遇到敲诈勒索、拦路抢劫时，不要与对方发生正面冲突，事后及时告诉父母或打电话报警。

如果爸爸妈妈带你外出旅游，品尝美食，观赏美景，你一定会很开心。但是在熙熙攘攘的景区，注意不要和父母走散。小区里、游乐场和水上乐园的游乐设施，你玩的时候都要小心。游泳、滑冰、露营时也要防范可能出现的危险。

另外，你是不是也很喜欢做运动呢？各种健身活动虽然有趣，风险却也很大。像舞蹈、蹦床、攀岩、跑步和玩健身器材时，都要当心，不要让危险的动作伤害到你。至于滑板、轮滑、滑雪、足球这些运动，更要注意防止受伤。这样才能够既锻炼了身体，又享受了运动的乐趣。

如今极端天气越来越多，万一遇到自然灾害，你也不要惊慌。遭遇洪水、地震、火灾、泥石流等灾害，或是雷暴、大风等恶劣天气，都可以通过及时、正确的方法来躲避或者逃生。

小朋友们，现在你知道身边会有哪些危险了吧？我们不仅要在家里注意安全，在学校、外出旅游，以及做运动、遭遇自然灾害时都要有保护自己的能力。

安全无小事。我们一定要学习安全知识，提高安全意识，学会保护自己，让爸爸妈妈放心。

目录

CONTENTS

第一章 "宅"在家不能做的危险事

1. 窗台不能随便上   2

2. 躲猫猫时有些地方不能藏   5

3. 别乱往身体里塞东西   8

4. 插头、插座别乱碰   11

5. 独自在家，不给陌生人开门   14

6. 小心使用剪刀   17

7. 掌握天然气的正确使用方法   20

8. 不要高空抛物   23

第二章 交通安全知识早知道

1. 过马路要当心   28

2. 远离井盖、下水道口   31

3. 未满 12 周岁不能骑自行车上路   34

4. 不在行驶的汽车上吃东西   37

5. 不在车前车后玩耍   40

6. 被困车内，这样自救   43

7. 街头迷路，向谁求助   46

第三章 在校园里保护好自己

1. 遭遇辱骂、殴打，及时求助   50

2. 上下楼梯不要拥挤   53

3. 遇到敲诈勒索，避免正面冲突   56

4. 课间不追逐打闹   59

5. 体育课上要避免的危险动作　　62

6. 不对同学做恶作剧　　65

7. 课间不拿着小刀、圆规等物嬉戏　　68

第四章　遇到坏人怎么办

1. 不向陌生人透露个人信息　　72

2. 不轻易理陌生人的求助　　75

3. 不轻易要陌生人给的东西　　78

4. 不一个人偷偷去见网友　　81

5. 被人贩子抓住，正确求救　　84

6. 防范那些危险的"熟人"　　87

7. 没有家长允许，不跟任何人回家　　90

8. 发现被人跟踪，往人多的地方跑　　93

第五章　外出游玩要当心

1. 拒绝在野外玩水、游泳　　98

2. 游乐设施并不都是安全的　　101

3. 刺激的游乐设施，乘坐要当心　　104

4. 你最爱的水上乐园也藏着危险　　107

5. 野外露营火了，安全攻略要知道　　110

6. 小心会吃人的"冰"　　113

7. 去野生动物园游玩的注意事项　　116

8. 在景区和父母走散了，不要怕　　119

第六章　科学运动保安全

1. 舞蹈，练习高难度动作要当心　　124

2. 蹦床，疯狂中注意安全　　127

3. 攀岩，不盲目　　　　　　　　　　130

4. 玩健身器材，不做危险动作　　　133

5. 滑板，掌握正确的姿势　　　　　136

6. 轮滑，摔倒的姿势要正确　　　　139

7. 跑步，最好先做热身　　　　　　142

8. 滑雪，避免碰撞受伤　　　　　　145

9. 足球，防止碰撞受伤　　　　　　148

第七章　遇到自然灾害快快逃

1. 洪水来了如何逃生　　　　　　　152

2. 地震了如何自保　　　　　　　　155

3. 遇到火灾如何逃生　　　　　　　158

4. 遭遇雷暴应该怎么办　　　　　　161

5. 大风天气出门如何避险　　　　　164

6. 遭遇泥石流时该怎么办　　　　　167

7. 遇到涨潮时如何安全逃脱　　　　170

第一章

"宅"在家不能做的
危险事

1·窗台不能随便上

安全小故事

妈妈在厨房里做饭，天天自己在客厅玩玩具。忽然，窗外传来吵闹声。天天跑到窗边，想看看到底发生了什么事情，可是家里窗户太高，他又太矮了。于是，他搬来小凳子，踩在上面，把头伸向窗外……

妈妈恰巧出来，立即把他抱了下来，虎着脸说："天天，太危险了，以后不许这么做！"天天被妈妈的样子吓得哭起来。

 安全警示灯：为什么不能爬窗台？

小朋友，有时候我们会忍不住想往窗外看看，看外面的风景，看外面发生了什么稀奇事。但我们现在大多都住在很高的楼房里，要是爬上飘窗，或者把身子探出窗外，一不留神就会掉下去，是非常危险的。

安全小卫士有话说

别把头伸出窗外

不管你听到什么，都别把头伸出窗外，更不要站在凳子上往外看，很容易掉下去。

不模仿飞翔、撑伞跳楼、攀岩等动作

在动画片里面，有的角色会飞翔或撑伞跳楼，那些都是设计出来的动作，千万不要在现实中模仿。

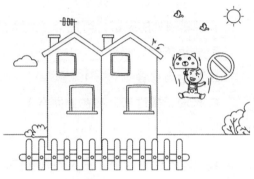

不在窗帘背后躲猫猫

别在窗帘背后的窗户边躲猫猫，如果窗户开着，一不小心就会踩空跌落。如果是百叶窗，还有可能被吊绳缠住造成窒息。

窗外不是攀岩地

不管你是因为没带钥匙想攀墙翻窗回家，还是单纯地想体验攀岩的刺激，都严禁在窗外像攀岩一样攀爬。

牢记安全小口诀

小朋友，住楼房，
莫把脑袋伸窗外。
撑伞飞翔别模仿，
攀岩要去场馆玩。

下列说法中哪些是正确的？请你在正确答案后面的括号里画"√"，并试着说出你的理由。

① 我喜欢攀岩，可以在哪里玩呢？（单选）

　　A. 我家窗户外面（　　　）

　　B. 专业的攀岩场馆（　　　）

② 我想看窗外的风景，可是个子太矮看不到，我该怎么办？（多选）

　　A. 告诉爸爸妈妈（　　　）

　　B. 攀上窗户看（　　　）

　　C. 把椅子搬过来，站在上面看（　　　）

　　D. 不看了（　　　）

③ 我很喜欢动画片里的超人和蜘蛛侠，我可以怎么做？（多选）

　　A. 站在窗户边上学他们飞起来的样子（　　　）

　　B. 看动画片（　　　）

　　C. 让爸爸妈妈给我买动画人物的玩偶（　　　）

　　D. 撑着伞从楼上跳下去（　　　）

④ 下面哪些地方是我可以玩耍的地方？（多选）

　　A. 窗帘后面的飘窗（　　　）

　　B. 客厅（　　　）

　　C. 卧室（　　　）

　　D. 阳台（　　　）

安全教育小锦囊

　　父母尽量不要将孩子单独留在家中，尤其是 2~6 岁的儿童，他们活泼好动，又缺乏必要的安全意识。要让孩子在安全区域内玩耍，发现孩子有危险动作时要及时制止。

正确答案：1.B　2.AD　3.BC　4.BC

2·躲猫猫时有些地方不能藏

安全小故事

东东和小伙伴在家里玩躲猫猫的游戏，轮到东东藏了。他在屋子里面转来转去，冥思苦想要藏在哪里才好。他来到卫生间时，看到墙角的洗衣机，眼前一亮，就打开洗衣机的盖子钻了进去。

小伙伴们找了半天没找到，就喊他快快出来，算他赢。东东得意地想从洗衣机里爬出来，却发现腿被死死地卡住了……

 安全警示灯：为什么不能躲在洗衣机里？

躲猫猫的游戏刺激又有趣，小朋友，你一定也很喜欢吧？你是不是也很想找一个隐蔽且令人想不到的地方，让爸爸妈妈或者别的小朋友找不到你？但千万不要躲在洗衣机里，因为你可能会被卡住出不来，或者不小心触发洗衣机的启动键。

不可以藏在衣柜里

衣柜的空间密闭而且不易被发现，很多衣柜带锁或是不容易从里面打开，长时间在里面很容易导致缺氧而窒息，所以一定不要藏在衣柜里。

不可以藏在箱子里

箱子的危险性和衣柜是一样的，而且箱子的空间比衣柜更狭小，更容易引起窒息。而且因为箱子不起眼，最容易被人遗忘，也最容易出事。

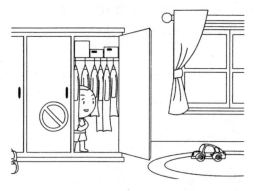

不可以藏在门后面

玩捉迷藏时藏到门后面，如果在不知道的情况下，有人推门的时候很容易会挤压或者碰撞到门后的人，造成意外伤害，所以不要藏在门后面。

被卡住时不要生拉硬拽

如果你身体的某个部位被卡住了，挣脱不开时，千万不要太用力地向外拉拽。这样拉扯会让你的身体受伤。

牢记安全小口诀

小朋友，做游戏，

远离密闭的空间。

身体卡住莫着急，

及时求救最有利。

下列说法中哪些是正确的？请你在正确答案后面的括号里画"√"，并试着说出你的理由。

❶ 小伙伴玩捉迷藏，藏在哪里比较好呢？（多选）

　　A. 床底下（　　　）

　　B. 洗衣机里（　　　）

　　C. 衣柜里（　　　）

　　D. 门后面（　　　）

　　E. 桌子底下（　　　）

❷ 我想从洗衣机里面出来的时候，腿被卡住了。我该怎么做？（单选）

　　A. 使劲扭动身体（　　　）

　　B. 用力往外爬（　　　）

　　C. 大声呼喊爸爸妈妈（　　　）

❸ 我藏在很隐蔽的地方，妈妈找不到我，一直很着急地喊我。我该怎么做？（单选）

　　A. 主动出来（　　　）

　　B. 一直藏着不出声（　　　）

❹ 在小区里躲猫猫，哪些地方很危险？（多选）

　　A. 车库里（　　　）

　　B. 花园里（　　　）

　　C. 废弃房屋里（　　　）

　　D. 车里（　　　）

安全教育小锦囊

　　父母在看护孩子玩藏猫猫的时候，一定要反复给孩子强调柜子、箱子等密闭场所是不允许藏的。

正确答案：1.A E　2.C　3.A　4.A C D

3·别乱往身体里塞东西

安全小故事

奶奶在剥花生，壮壮抓了几粒玩，不知道怎么的就把一颗花生塞进了鼻孔里。

一开始他还觉得挺好玩，可是慢慢地就觉得鼻子好难受，他把手指伸进鼻子里，想把花生抠出来，可是花生不但没出来，反倒更往里了。壮壮只好哭着去找妈妈……

 安全警示灯：为什么不能往身体里乱塞东西？

有这样一个谜语："一座山，两个孔。会吹气，会辨味。"小朋友，你知道谜底是什么吗？对，就鼻子。你是不是也对鼻子上的两个小洞很好奇？但不管怎么好奇，都不要往里面塞东西，那会让你呼吸困难，甚至窒息。除了鼻孔，身体里的其他洞洞，如嘴巴、耳朵、尿道等也是不可以乱塞东西的。

安全小卫士有话说

筷子、铅笔、牙签不能乱塞

筷子、铅笔、牙签、钢针等又硬又长、又细又尖的东西，如果被吞进肚子，随着肠胃的蠕动，会损伤内脏。

豆子、花生不能乱塞

很多小朋友觉得小小的豆子、花生，捏在手里很好玩，会不自觉地把它们塞到鼻孔里去。如果是刚塞进去，豆子、花生还没有膨胀，可以靠擤鼻子的动作擤出来。但一旦它们在鼻子潮湿的环境里膨胀，就会堵在里面出不来了。

玻璃弹珠不能乱塞

玻璃弹珠圆溜溜的，非常光滑，很多小朋友喜欢玩。但是因为它又圆又滑又重，如果被放进嘴里，很容易被吞进肚子里引起腹痛。如果被卡在嗓子里，会出现呕吐、吞咽和呼吸困难等情况。

纽扣电池不能乱塞

纽扣电池具有较强的腐蚀性，一旦进入体内，就算成功把电池取出来，留在黏膜表面上的物质也会继续释放氧化锌、水银等化学物质，给身体带来伤害。

牢记安全小口诀

小朋友，别好奇，
身上洞洞不能玩。
豆子花生别乱塞，
纽扣电池不能吞。

下列说法中哪些是正确的？请你在正确答案后面的括号里画"√"，并试着说出你的理由。

① 玩玩具的时候，不可以做的是什么？（多选）

A. 把玩具车里的纽扣电池抠出来，放进嘴里咬一咬（　　　）

B. 把凉凉的玻璃球放进嘴里含着玩（　　　）

C. 把小小的磁力珠塞到尿道里（　　　）

D. 把手串上的珠子塞进耳朵里玩（　　　）

② 写作业的时候，下面哪些动作不可以做？（多选）

A. 把铅笔的一头塞到鼻孔里（　　　）

B. 把橡皮放到嘴巴里咬（　　　）

C. 把尺子含进嘴里（　　　）

D. 把纸条塞进耳朵里（　　　）

③ 不小心把一个塑料珠子塞到耳朵里了，该怎么办？（单选）

A. 自己用挖耳勺取（　　　）

B. 告诉爸爸妈妈，让他们帮忙（　　　）

C. 谁也不告诉（　　　）

D. 洗澡的时候偷偷往耳朵里灌水冲（　　　）

安全教育小锦囊

父母要明确告诫孩子哪些东西不可以往身体里乱塞。万一发现孩子把小物件塞到鼻孔里，可以按住没有异物的一侧鼻孔，让孩子用力擤鼻涕。如果孩子小，不太会擤鼻涕，可以尝试用"母亲之吻"，将嘴巴包住孩子张开的嘴巴，用手压住孩子没有异物的鼻孔，轻轻吹气，让气流流入口腔、咽喉，最后到鼻腔，将异物吹出，若一次未成功，可以多次尝试。如果异物进入耳朵，让孩子将有异物的耳朵朝下，然后单脚跳，把异物倒出来。如果这些方法都没用，那就要及时就医。

正确答案：1. A B C D　2. A B C D　3. B

4·插头、插座别乱碰

安全小故事

娇娇拿着自己的新发卡在客厅里晃悠，心想这几个小洞洞看起来怪怪的，里面会有什么呢？好奇的她顺势把手中的发卡捅到了其中的一个小洞洞里。突然，她感觉身体一麻，就跌坐在地上。

妈妈闻声跑过来，发现娇娇脸色苍白，右手三个指头都被灼伤，整个右手都是黑色的……

 安全警示灯：为什么不能乱摸插头、插座？

小朋友，你是不是很好奇插座上的那些洞洞，忍不住想用手指头去抠一下？插座里藏着会"咬人"的电，要是手碰到了电，轻则会被电伤，重则会被电死。

不要把金属制品插到电源插孔

铁钉、铁丝、别针、钥匙、剪刀等金属制品是可以导电的，不要用它们去捅电源插座上的孔，否则可能会引发触电事故。

不要用手指头去触摸插头和插孔

我们用手触摸插座不会触电，是因为插座外壳是绝缘的，但如果用手指去触摸插头的金属部分或是伸到插座的孔里，便会发生触电事故。

雷雨天不开电视、电脑等家用电器

打雷或有闪电时，不要打开电视机、电脑等家用电器，也不要接触电源插头、插座，避免在这个时候遭遇到电击的危险。

不要用湿手去拔插头

水同样可以导电，用湿手触摸插头，如果水流到金属片上，会和手形成导体，导致触电。如果手上的水流到插座的孔里，水和金属部分形成回路，同样会引起触电。

牢记安全小口诀

小朋友，要听话，
远离插头和插座。
电是吃人的老虎，
身体受伤吃不消。

下列说法中哪些是正确的？请你在正确答案后面的括号里画"√"，并试着说出你的理由。

1 下面哪些东西是可以玩的？（单选）

A. 毛绒玩具（　　　）

B. 插头（　　　）

C. 电线（　　　）

D. 插座（　　　）

2 墙上的插座有几个小洞，下面哪些东西不可以放进去呢？（多选）

A. 螺丝刀（　　　）

B. 铁丝（　　　）

C. 手指（　　　）

D. 钥匙（　　　）

3 天气好热，想开电扇，怎样做会有危险？（多选）

A. 让妈妈帮我把风扇的插头插上，把电扇打开（　　　）

B. 捏着插头的金属部分往插座里塞（　　　）

C. 刚洗完手还未擦干，就去拿插头（　　　）

D. 把手擦干，捏着插头后面的塑料部分插入插座

4 使用家用电器时，下面哪些行为是不对的？（多选）

A. 烧水壶的开关刚跳，就用手去摸壶身（　　　）

B. 妈妈不在家，用妈妈的熨烫机给娃娃熨衣服（　　　）

C. 发现电器有冒烟、发出焦煳的异味等情况，立即关掉电源开关（　　　）

D. 雷雨天不开电视（　　　）

安全教育小锦囊

父母平时要注意定期排查家用电器、插头、插座的隐患，有老化、破损的情况要及时更换。使用有开关的安全插座、有保护盖的插座或是儿童安全插座。家用电器使用完毕或睡前、外出、停电时要及时切断电源。使用完毕的插座要放在孩子接触不到的地方。

正确答案：1.A　2.A B C D　3.B C　4.A B

安全小故事

爸爸妈妈出门办事，只有南南一个人在家里。爸爸妈妈刚走一会儿，门外就传来"咚咚咚"的敲门声。南南拿起小凳子来到门口，站上凳子，她从门上的猫眼里看到门外站着一个陌生人。

门外的人边敲边问："有人吗？查水表的。"南南正想开门，突然想到爸爸叮嘱她的话，就说道："我爸爸在睡觉呢，一会儿等他醒了，您再来吧。"刚说完，陌生人就离开了。

 ### 安全警示灯：为什么不能给陌生人开门？

小朋友，当你一个人在家的时候，听到敲门声，会不会跑去直接把门打开呢？一定要记住，不要给任何你不熟悉的人开门。因为如果对方是坏人，那就危险了。你家中的东西可能会被偷走，你可能会被拐卖……

从猫眼看门外的人是谁

当你独自在家的时候，门外有人敲门，这时候不要急着开门，要先从猫眼里看看敲门的人是谁。如果是不认识的人，就不要开门。

不相信陌生人的话

即便陌生人说他认识你的爸爸妈妈，知道你的名字，他是查水表、送快递的，再或者他要给你好吃的，你都不要相信他，不能给他开门。

假装家里有大人

不要告诉陌生人只有你自己在家，你可以装作家里有人，喊："爸爸，有人敲门。"或者说："妈妈在厨房，我去叫她。"这样可以把坏人吓跑。

打电话求助

如果有陌生人敲门，你可以打电话告诉爸爸妈妈。如果陌生人坚持要进来，你可以打"110"报警电话，警察叔叔会来帮助你。

牢记安全小口诀

放假一人在家里，
生人敲门不应答。
快递送奶查电表，
不管是谁都不开。

下列说法中哪些是正确的？请你在正确答案后面的括号里画"√"，并试着说出你的理由。

1 下面哪些人敲门，可以给他开门？（单选）

A. 维修工人（　　　）　　　　　B. 快递员（　　　）

C. 妈妈的朋友（　　　）　　　　D. 爸爸（　　　）

2 有陌生人一直在敲门，我该怎么办？（多选）

A. 给他开门（　　　）　　　　　　B. 打报警电话"110"求助（　　　）

C. 给爸爸妈妈打电话（　　　）　　D. 去窗户那里大喊救命（　　　）

3 门外的陌生人说他是爸爸的同事，来帮爸爸取文件，怎么回应才正确？（多选）

A. 给爸爸打电话确认（　　　）

B. 告诉他爸爸在屋里睡觉（　　　）

C. 给他开门（　　　）

D. 给妈妈打电话（　　　）

4 门外的人能喊出我的名字，他说是我家亲戚，怎么办？（多选）

A. 相信他，给他开门（　　　）

B. 给爸爸妈妈打电话（　　　）

C. 给爷爷奶奶打电话（　　　）

D. 告诉对方家里只有自己一个人（　　　）

安全教育小锦囊

父母在平时要和孩子一起模拟各种陌生人敲门的场景，让孩子知道除了家人外，其他人敲门都不能开门。还可以把"不要给陌生人开门"写成标识贴在门口提醒孩子。教孩子学会给父母打电话，有陌生人敲门时第一时间联系父母。

正确答案：1.D　2.BCD　3.ABD　4.BC

这才是孩子爱看的安全自救书

6 · 小心使用剪刀

安全小故事

    多多用剪刀剪开一袋零食，顺手就把剪刀放在了沙发上。吃了一会儿零食，他觉得口渴，就起身去喝水，回来时，不小心被地上的玩具绊倒，一头扑在沙发上，额头被放在沙发上的剪刀扎破流血了。

 安全警示灯：为什么要小心使用剪刀？

    小朋友，剪刀能剪出各种好玩的东西，你是不是觉得很神奇？但在使用剪刀的时候一定要小心，因为剪刀的尖端和刀刃十分锋利，一不小心就会伤到手、眼睛等部位，也会伤到身边的人。

剪刀用完不乱放

剪刀使用完毕后，要及时放回抽屉或者收纳架里，不要随意地放在一边。注意，刀尖不要朝向外面。

不要把剪刀尖端对着自己或别人

虽然一般的安全剪刀没有锋利的尖头，但也不要养成用刀尖对着自己和别人的习惯。这是礼貌，也是对自己和别人的保护。

不要拿着剪刀奔跑打闹

不要拿着剪刀胡乱挥舞，或者蹦跳奔跑，容易误伤到别人或自己。

牢记安全小口诀

小小剪刀用途多，
刀尖别对人身体。
手指远离剪刀刃，
用完及时放回去。

这才是孩子爱看的安全自救书

下列说法中哪些是正确的？请你在正确答案后面的括号里画"√"，并试着说出你的理由。

❶ 和小朋友一起做手工，用剪刀时要怎么做才是对的？（多选）

A. 一边剪纸一边和小朋友说话（　　）

B. 用完剪刀再和小朋友聊天（　　）

C. 在小朋友用剪刀的时候和他抢（　　）

D. 使用剪刀时让小朋友离我远一点（　　）

E. 看到别人用剪刀的时候不要靠近他（　　）

❷ 剪刀用完后，下列哪些行为是错误的？（多选）

A. 用完后放回抽屉里，刀尖要朝里（　　）

B. 用完了随便放在桌子上，反正爸爸妈妈会收拾（　　）

C. 别的小朋友也要用，直接握着刀尖递给他（　　）

❸ 明天有手工课，需要用剪刀，怎么把剪刀带到学校？（单选）

A. 把剪刀放在衣服口袋里（　　）

B. 把剪刀随便扔进书包里（　　）

C. 用收纳盒把剪刀装起来，再放进书包里（　　）

安全教育小锦囊

　　父母要教会孩子认识家中常见的剪刀，告诉孩子这些剪刀很锋利，不能当作玩具。在幼儿时期，可以让孩子使用儿童专用剪刀或者是塑料制的剪刀，逐步培养孩子使用剪刀的正确方法。

正确答案：1.B D E　2.B C　3.C

安全小故事

　　妈妈在厨房的灶台上炖了一锅排骨，因为临时有事出门，就叮嘱贝贝一个小时后把火关掉。

　　可是，专心看电视的贝贝把这件事忘得一干二净。等他循着焦煳味来到厨房，发现厨房里已经烟雾弥漫，锅里的汤已经熬干，排骨成了黑炭。

　　贝贝赶紧关上燃气灶的开关，接着打开屋子里所有的窗户。"好险啊。"等味道散去后，贝贝才长出一口气。

 安全警示灯：为什么要正确使用天然气?

　　小朋友，你平时会帮爸爸妈妈炒菜吗？那淡蓝色的火苗看着很美，实则很危险。如果忘记关火，锅里的汤水溢出浇灭火焰，就会导致燃气泄漏，引发爆炸事故。使用燃气热水器洗澡时，如果长时间空气不流通，还会导致一氧化碳中毒。

安全小卫士有话说

不要乱动燃气开关

燃气管道的阀门和燃气灶的开关不能够乱动乱拧，否则燃气泄漏出来，会造成严重的事故。

不要毁坏燃气管道和燃气胶管

不要碰撞、敲击燃气管道，也不要拉扯燃气胶管，这些都是很重要的燃气设施，不是我们的玩具。

发现燃气泄漏时先开窗通风

燃气是有气味的，当你闻到奇怪的味道时，可能发生了燃气泄漏。这个时候应该迅速地关掉燃气阀门，然后打开屋子里的所有门窗，加快室内的通风速度。

使用燃气时别走开

我们要提醒爸爸妈妈，使用燃气烧水、煮汤、煲粥、炒菜的时候，一定要有人照看，使用完毕后及时关闭灶具。不要让锅具熬干、烧焦，否则容易引发火灾，也不要让汤水溢出，浇灭火焰。

牢记安全小口诀

燃气开关不要玩，
使用灶具要看好。
燃气泄漏快开窗，
远离现场再求助。

下列说法中哪些是正确的？请你在正确答案后面的括号里画"√"，并试着说出你的理由。

❶ 下面这些使用燃气的方法，哪些是正确的？（多选）

　　A. 外出旅游时，关闭燃气阀门（　　　）

　　B. 使用燃气灶具的时候，注意通风（　　　）

　　C. 燃气灶具的周围不堆放易燃物品（　　　）

　　D. 燃气管道上面不悬挂杂物（　　　）

❷ 关于燃气泄漏后的做法，有哪些是正确的？（多选）

　　A. 闻到家里有奇怪的臭味后及时告诉爸爸妈妈（　　　）

　　B. 打开排风扇将燃气排出去（　　　）

　　C. 打开家里的门窗通风（　　　）

　　D. 赶快在现场打电话报警（　　　）

❸ 我家使用的是燃气热水器，下面哪些使用方法是正确的？（多选）

　　A. 洗澡时把浴室的窗户留一点缝隙（　　　）

　　B. 妈妈说我是未成年人，要在大人的监管下使用燃气热水器洗澡（　　　）

　　C. 燃气热水器的阀门坏了，爸爸说用完了再去修（　　　）

　　D. 洗澡时，把排风扇打开（　　　）

安全教育小锦囊

　　使用燃气灶具时，父母尽量不要留孩子一个人在厨房照看。使用完后要仔细检查灶具是否关好，不要粗心大意。定期自行检测或者请专业人员来检测燃气管道、器具的安全情况。

正确答案：1. A B C D　2. A C　3. A B D

8 · 不要高空抛物

安全小故事

　　牛牛家在3楼，自从无意中往窗外扔了一个塑料袋，他发现塑料袋在半空中飘飘荡荡的很好玩，就不断尝试把一些东西扔出去。有一次，他咬了一口苹果，觉得不好吃，顺手就扔出了窗外。结果，苹果砸中被外婆抱着出来玩的婴儿，导致婴儿因重型颅脑损伤，几度生命垂危。

 安全警示灯：为什么不能高空抛物？

　　小朋友，你觉得从高处往下扔东西好玩吗？把东西扔下楼，不仅是不文明的行为，而且会造成很大的安全隐患。因为重力的作用，哪怕是一个坏橘子、一个酸奶瓶、一粒小石子等看起来不起眼的东西，也会把人砸伤、砸晕，甚至致人死亡。

别因为东西轻就往外扔

也许你觉得卫生纸、纸飞机、塑料袋、果皮等这些东西很轻，扔到人身上，也不会让人受伤，就随便往外扔。但一旦形成习惯，你扔出去的东西，可能就不只是这些了。

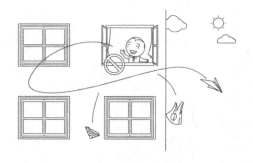

别因为刺激就往外扔东西

有小朋友觉得往窗外扔东西是一件很刺激的事，想要不断尝试。这不是刺激，这是犯罪行为。从2021年起，高空抛物作为刑事犯罪正式入刑。如果因为你的高空抛物造成别人受伤或死亡，你的爸爸妈妈作为监护人就要承担法律和赔偿的责任。

别因为赌气就往外扔东西

也许你和爸爸妈妈吵架了，或者被批评了，心里很不爽，一气之下，就把手里的东西扔出了窗外。不管你多生气，也不要用这种错误的方式来发泄怒气，你可以寻找别的无害的发泄渠道，比如打枕头。

别因为好玩就往外扔东西

扔东西对小朋友来说也许是一个有趣的游戏，但是往窗外扔东西就是建立在伤害别人基础上的"游戏"了，千万不要这样做。

牢记安全小口诀

高空抛物不好玩，
果皮纸巾不可抛。
小如鸡蛋也致命，
砸伤路人是犯罪。

下列说法中哪些是正确的？请你在正确答案后面的括号里画"√"，并试着说出你的理由。

❶ 往窗外扔东西的危害有多大，下面说法正确的是？（多选）

　A. 从 25 楼扔下一块巴掌大的西瓜皮就可能会致人死亡（　　）

　B. 从 18 楼抛下一个空啤酒瓶可能会致人死亡（　　）

　C. 从 15 楼扔下一个空易拉罐可能会砸破人的头（　　）

　D. 从 4 楼扔下一块拇指大的石头可能会砸伤人的头皮（　　）

❷ 对于高空抛物，下面认识错误的是？（多选）

　A. 偶尔一次两次没有关系（　　）

　B. 确认下面没人，可以往窗外扔东西（　　）

　C. 扔的东西很轻，不会砸伤人（　　）

　D. 不管什么东西，都不能往外扔（　　）

❸ 楼上邻居总是往窗外扔东西，应该怎么做？（多选）

　A. 联系物业（　　）

　B. 报警（　　）

　C. 也学对方往外扔东西（　　）

　D. 视而不见（　　）

安全教育小锦囊

　　父母一定要告诫孩子高空抛物的危害，同时以身作则，不要随意往窗外扔烟头等杂物，避免给孩子做出错误的示范。另外，要经常检查窗户、空调支架等是否牢固，如果有松动的现象要及时加固，防止坠落后砸伤路人。

正确答案：1. A B C D　2. A B C　3. A B

交通安全知识早知道

安全小故事

　　走到十字路口，恰好红灯亮了，急着回家的晶晶看左右没有车经过，就飞快地向前冲去。晶晶刚跑出去几步，突然有一辆汽车从远处疾驶而来，伴随着紧急刹车的声音，晶晶被撞倒在地……

 安全警示灯：为什么不要闯红灯？

　　小朋友，如果路上没车，你是不是也会觉得可以闯红灯呢？或者你看别人都走了，自己也就跟着走，这是很危险的。因为可能在下一秒就有汽车行驶过来。而且，汽车的速度很快，你根本就躲避不及。

安全小卫士有话说

过马路时要看交通信号灯

不要管别人怎么样，自己必须等绿灯亮了再过马路。也不要在绿灯倒计时的时候抢最后几秒过马路。

走斑马线前左右看

如果没有天桥，过马路一定要走斑马线。走斑马线时，要左右看，观察过往的车辆。

不要跨越安全护栏和隔离墩

道路中央的安全护栏和隔离墩是保护行人安全的，不要为了方便和好玩就去跨越护栏和隔离墩，这样很容易发生交通事故。

不要突然横穿马路

没有斑马线的路段，应该先看左边，再看右边，确认没有机动车经过时再穿过马路。穿过马路时要走直线，不要来来回回反复穿行。

牢记安全小口诀

过马路时要当心，
一看二等三通过。
黄灯亮了莫要抢，
隔离护栏别乱翻。

下列说法中哪些是正确的？请你在正确答案后面的括号里画"√"，并试着说出你的理由。

❶ 走到斑马线前，绿灯倒计时恰好结束，错误的行为有哪些？（多选）

A. 猛地冲过马路（　　　）

B. 左右看看，如果路上没有车，就过马路（　　　）

C. 不着急，等下一个绿灯（　　　）

D. 不担心有汽车，吃着东西慢慢走（　　　）

❷ 马路过了一半，黄灯亮了，错误的行为有哪些？（多选）

A. 左右观察车辆，加速穿过马路（　　　）

B. 退回去，等会儿重新过马路（　　　）

C. 不管它，继续慢悠悠向前走（　　　）

D. 站在马路中间等绿灯亮了再走（　　　）

❸ 过马路时，红灯亮了，怎么做才是正确的？（单选）

A. 耐心等绿灯亮（　　　）

B. 别人都走了，也跟着走（　　　）

C. 着急，一边左右看车辆，一边过马路（　　　）

D. 路上无车，大胆走（　　　）

❹ 想过马路，走哪里才安全？（多选）

A. 走过街天桥（　　　）　　　　　B. 走人行横道（　　　）

C. 走地下通道（　　　）　　　　　D. 从隔离护栏上越过去（　　　）

安全教育小锦囊

　　和孩子一起外出时，父母要看管好孩子。和幼小的孩子一起过马路的时候，一定要抓住孩子的手腕，确保孩子不会轻易挣脱。想要让孩子遵守交通规则，作为父母要起到良好的示范作用，不要违反交通规则。

正确答案：1.ABD　2.BCD　3.A　4.ABC

2·远离井盖、下水道口

安全小故事

奇奇飞起一脚把足球踢到了不远处的绿化带上，小鹏跑过去捡球。

软软的草地踩着好舒服，小鹏心想："干吗不在这儿踢呢？"于是，小鹏朝着奇奇喊："快来！我们在这儿踢吧！"

你来我往，正踢得热闹，忽然只听"啊"的一声，小鹏就"不见了"。

原来，小鹏在奔跑中不小心踩到一个井盖，井盖翻转，小鹏掉了进去……

 安全警示灯：为什么要远离井盖？

小朋友，走在路上你是不是很好奇那些圆形的，还有方形的井盖是做什么用的？下面又藏着什么呢？井盖有很多种，有下水道井盖、通信井盖、电力井盖、雨水井盖、燃气井盖等，一般都是用于检修、检查用的。不管是哪种用途和形状的井盖，如果踩翻掉进去，都是很危险的。

安全小卫士有话说

不要踩在井盖上

有些井盖常年在马路上被来往的车辆轮胎碾压，已经变得松动，不再坚固了。走在上面，如果踩在一边的话，井盖很可能会发生翻转，导致人掉入井中。

下雨天要绕开井盖行走

下大雨时尤其要避开下水道井盖。因为雨量很大时，下水道水流压力升高，井盖容易被大水冲开。地面积水让人很难看清水下的情况，如果不慎坠入下水道，会有生命危险。

不要把鞭炮扔进井盖

污水井、下水道口和化粪池的井盖长期封闭，里面会产生大量沼气。如果遇到明火，就会发生爆燃。如果不慎把过年时放的烟花爆竹扔到井盖里，容易发生爆炸。

不要在井盖上蹦跳

井盖本身能够承受的重量有限。踩在井盖上有坠落的可能，如果还在上面蹦蹦跳跳，更容易掉进去。

牢记安全小口诀

路边井盖会吃人，
小脚千万不能踩。
别把鞭炮扔进去，
小心炸伤我和你。

下列说法中哪些是正确的？请你在正确答案后面的括号里画"√"，并试着说出你的理由。

① 上学的路上有一个井盖，怎么做才是正确的？（单选）

A. 从井盖旁边绕着走（ 　　 ）

B. 从井盖上面踩过去（ 　　 ）

C. 在井盖上蹦几下再走（ 　　 ）

D. 玩从井盖的一端跳到另一端的游戏（ 　　 ）

② 小伙伴建议把鞭炮点燃扔到井盖孔里，应该怎么做？（多选）

A. 严肃告诉他不可以扔，会爆炸（ 　　 ）

B. 建议去别的地方玩鞭炮（ 　　 ）

C. 去告诉大人，让大人来阻止他（ 　　 ）

D. 同意他的建议，和他一起玩（ 　　 ）

③ 关于井盖的危险程度，下面哪些描述是正确的？（多选）

A. 带有"污水""排水"字样的井盖下方是污水井，坠入很可能危及生命（ 　　 ）

B. 带有"供电""电力"字样的井盖下方放有大量电缆，坠入容易受伤（ 　　 ）

C. 带有"自来水""供水"字样的井盖不易开启，危险性相对较小（ 　　 ）

D. 带有"燃气""天然气"字样的井盖下方是燃气井，开启需专业工具，危险性较小（ 　　 ）

安全教育小锦囊

　　父母要提醒孩子，走路时避开井盖，不要在井盖上面逗留和玩耍。下雨天要远离井盖。当孩子燃放烟花爆竹的时候，父母要在一旁看护、指导，不要让孩子的举动变成悲剧。

正确答案：1.A　2.ABC　3.ABCD

安全小故事

11岁的洋洋和同学约了去一千米外的篮球馆打球，他趁妈妈不注意，骑着妈妈新买的自行车就上路了。结果刚骑到路口，迎面驶来一辆小汽车。洋洋由于心里发慌，手和脚就都不听使唤了，导致车把乱扭，自行车歪歪扭扭地向前行驶。汽车司机虽然踩了急刹车，但由于速度太快，仍然把洋洋撞倒了。

 安全警示灯：为什么未满12周岁不能骑车上路？

小朋友，你几岁了呢？如果你未满12周岁，一定不要在马路上骑自行车。我国的法律规定，12周岁以下的儿童不准在道路上骑自行车、三轮车。因为在我们未满12周岁时，应对突发状况的能力比较弱，独自骑车上路，很容易发生交通事故。

安全小卫士有话说

去场地宽阔、人少的广场骑

可以在小区广场骑车，但要保证那里场地开阔，人不多，否则很容易撞倒别人，或者被人撞倒。

去公园里骑

很多公园里有大广场，或者专门的骑行道，很适合骑自行车，可以让爸爸妈妈带你去。

与前面的自行车保持距离

不要和前面的自行车挨得太近，如果前方自行车不慎摔倒，由于离得太近，你也可能一同摔倒。

雨雪天尽量不要去户外骑

雨雪天气，路面湿滑，轮胎的抓地能力就会有所下降，容易打滑，失去平衡，导致摔倒受伤。

牢记安全小口诀

自行车，真漂亮，
公园里面转一转。
慢慢骑来慢慢玩，
保持车距保安全。

下列说法中哪些是正确的？请你在正确答案后面的括号里画"√"，并试着说出你的理由。

1 不满 12 周岁的我骑行时不能做什么呢？（多选）

　　A. 骑着自行车上马路（　　　）

　　B. 只在公园里骑儿童自行车（　　　）

　　C. 骑车时撒开车把（　　　）

　　D. 停车时用脚刹车（　　　）

2 我 10 岁了，想骑着自行车和小伙伴们一起出去玩，下面哪些说法是错误的？（多选）

　　A. 我可以独自骑成人自行车上路（　　　）

　　B. 我骑车时如果出现交通事故可以不用承担责任（　　　）

　　C. 我可以在马路上骑我的儿童自行车（　　　）

　　D. 我可以在马路上和小伙伴比赛谁骑得快（　　　）

3 下列哪些说法是正确的？（多选）

　　A. 年满 16 周岁可以驾驶电动自行车上道路行驶，时速要控制在每小时 20 千米以内（　　　）

　　B. 未成年人骑车时可以载人（　　　）

　　C. 骑车时应该靠道路右侧骑行（　　　）

　　D. 骑车时不要随意占用机动车道（　　　）

安全教育小锦囊

　　父母要提高安全意识，时刻注意监管孩子的行为，禁止未满 12 岁的少儿骑车上路、载人。不要让孩子骑成年人的自行车，给儿童选购自行车时要注意产品的安全性和质量。在孩子骑车前，注意检查自行车的各个零部件是否完好无损且运行正常。

正确答案：1.A C D　2.A B C D　3.A C D

4·不在行驶的汽车上吃东西

安全小故事

早上，明明坐在汽车后座上吃馄饨。经过了最堵的一段路，车少了，爸爸正要加速，没想到一辆自行车忽然从右边闯过来！爸爸一个急刹车，总算没和自行车来个"亲密接触"。但后排却响起了明明的叫声，爸爸回头一看，只见明明满嘴是血，装馄饨的碗掉在了旁边。爸爸手忙脚乱地把明明送去医院，检查发现，明明的舌头上被咬出一个弧形伤口，缝了好几针。

 安全警示灯：为什么不能在行驶的车上吃东西？

小朋友，在行驶的汽车上，千万不要吃东西、喝饮料。因为窗外空气中的灰尘和细菌会落在食物上，而且车辆颠簸时你可能会被呛到。遇到急刹车时，你可能会咬到自己的舌头。如果食物上有竹签等坚硬物体的话，很有可能会扎伤你的身体。

不要在行驶的汽车上吃果冻、口香糖、坚果

果冻吸着吃时，容易被吸入气管，尤其是在时走时停的车上。口香糖中含有橡胶，如果误食进入消化道，很难被分解，进入气管就更危险。坚果如果没有嚼烂，也容易被吸入气管。

不要在行驶的汽车上吃棒棒糖、糖葫芦、烤肠

不要在车上吃带竹签、细棍的食物，例如棒棒糖、糖葫芦、烤肠等食品，因为紧急刹车时，很容易戳伤嘴巴和嗓子。

不要在行驶的汽车上吃米粉、馄饨

刚打包的带汤的米粉、馄饨比较烫，如遇急刹车，不仅容易咬到舌头，还容易被烫伤。

牢记安全小口诀

汽车行驶过程中，
果冻坚果别入口，
带签食物须远离，
预防呛咳和扎伤。

安全知识小测试，你答对了吗

下列说法中哪些是正确的？请你在正确答案后面的括号里画"√"，并试着说出你的理由。

❶ 肚子饿了，坐在行驶的汽车上，下面哪些做法是安全的？（单选）

　A. 让妈妈剥花生给我吃（　　　）

　B. 从家里带了一盒牙签肉，在车上吃（　　　）

　C. 路边打包了一份米线在车上吃（　　　）

　D. 车上有吃的，但还是坚持回家再吃（　　　）

❷ 下列哪些食物是不能在行进的车里吃的？（多选）

　A. 烤串（　　　）

　B. 糖葫芦（　　　）

　C. 果冻（　　　）

　D. 核桃（　　　）

❸ 放学乘坐公共汽车回家，下列哪些做法是错误的？（多选）

　A. 和同学坐公交回家，一边吃棒棒糖，一边在车上嘻嘻哈哈地打闹（　　　）

　B. 等车到站停下的时候，赶紧打开水壶喝一口水（　　　）

　C. 把一个果冻整个塞入嘴里（　　　）

　D. 买了个烤肠，虽然很想吃，但还是决定等下车再吃（　　　）

安全教育小锦囊

　无论是开私家车接送孩子，还是孩子乘坐公共汽车时，都不要让孩子在车上进食、喝水，更不要让孩子吃着东西和别人打闹，避免出现意外事故时对孩子造成伤害。

正确答案：1.D　2.ABCD　3.AC

安全小故事

聪聪和几个小朋友在小区围墙附近玩捉迷藏，那里停了多辆汽车，他躲在了一辆白色的汽车后面。一位叔叔一边打电话一边坐进了驾驶室，并发动了汽车，汽车开始向后倒。

"停车！"和聪聪一起玩的小虎找到了聪聪，却发现汽车在动，忍不住大叫。

驾驶白色汽车的叔叔听到动静立即下车查看，才发现躲在汽车尾部的聪聪，只差几厘米汽车就会撞到他！

 安全警示灯：为什么不能在车辆前后玩耍？

小朋友，你知道汽车的周围存在视觉盲区吗？车头前方2米的范围内，后车门向外展开大约30度的扇形区域，左右后视镜向外扩展30度的区域，挡风玻璃两侧的车身区域，这些都是司机视线的死角。如果矮小的我们处在这些区域，驾驶员在开车时不容易发现我们，很容易撞伤我们。

这才是孩子爱看的安全自救书

安全小卫士有话说

不要蹲、坐在车子附近

如果蹲、坐在车周围的盲区，加上我们身形矮小，很难被发现，一旦车子启动就容易撞倒我们。

不要在停车场逗留、玩耍

在停车场里玩容易发生危险，特别是地下停车场，空间相对狭小，光线也不够明亮。尤其不要站在停车场的出入口，避免车辆进出时车速过快，司机躲闪不及把我们撞伤。

走路时不要离汽车太近

在马路上行走时，尽量不要离汽车太近，更不要紧贴着汽车前进，避免在汽车突然刹车、倒退、转弯、变道时撞到我们。

不要和汽车抢行

汽车的速度比我们走路的速度要快很多，刹车不及时就会撞伤我们，所以我们不要抢在汽车前面通行，最好等车离开时再走。尤其是在路口、小区门口、胡同出口等容易发生事故的地方。

牢记安全小口诀

游戏不在车周围，
视线盲区很危险。
停车场里不能玩，
来往车辆要看清。

下列说法中哪些是正确的？请你在正确答案后面的括号里画"√"，并试着说出你的理由。

❶ 在外面做游戏时，哪些做法是正确的？（单选）

　A. 捉迷藏时钻进路边的车底下（　　　）

　B. 在两辆车之间奔跑（　　　）

　C. 在远离停放车辆的地方玩（　　　）

　D. 蹲在车子后面小便（　　　）

❷ 去停车场里坐车，怎么做才安全？（多选）

　A. 在停车场里和别的小朋友一起踢球、做游戏（　　　）

　B. 站在停车场出入口等车（　　　）

　C. 紧紧跟着父母，不和别的小朋友追逐打闹（　　　）

　D. 经过出入口时，先看看有没有车辆进出，没有的话再走（　　　）

❸ 关于在地下车库，下列说法正确的是哪些？（多选）

　A. 地下车库虽然凉快，但也不是乘凉的地方（　　　）

　B. 可以在地下车库骑自行车玩（　　　）

　C. 不可以在地下车库铺垫子玩耍（　　　）

　D. 可以在地下车库唱歌跳舞（　　　）

安全教育小锦囊

　　父母要给孩子划定安全的玩耍区域，像小区的公园等空旷、远离车辆的地方。教会孩子在道路和停车场中的安全通行方法，减少人身意外伤害。

正确答案：1. C　2. C D　3. A C

6 · 被困车内，这样自救

安全小故事

朝朝用奶奶的手机看动画片，怕奶奶跟他要，就偷偷溜到了爸爸停在门口的面包车里。看了一会儿手机，朝朝觉得好热啊，他试图拉开车门，可怎么也打不开。他呼喊奶奶，可是没人应答。朝朝吓坏了，他趴在车窗上哭起来。

幸好有路人经过，报了警。朝朝被救出来的时候，满脸通红，浑身是汗，已处于昏迷状态，马上被送到了医院抢救。

 安全警示灯：为什么说独自被困在车里很危险？

小朋友，你知道吗？在夏天，汽车门窗被关闭后，里面的温度会非常高。有实验显示，如果户外温度为 33 摄氏度，12 分钟后车内气温就会接近 40 摄氏度，35 分钟后车内温度就会超过 60 摄氏度。在这样的环境下，如果我们被困车内，轻则因缺氧昏迷，重则会导致死亡。

从车内打开车门

在车里，我们可以先尝试去开距离自己最近的门，多数车连续扳 2 次车门的拉手，就能打开。如果打不开，就尝试爬到驾驶位置开车门。

按喇叭、开双闪求救

可以按住方向盘上的标有喇叭图形的按键，或者按中控台上的红色三角形按钮打开双闪，以引起路人的注意。必要时可以多按几次。

打开后备厢

找到后排座椅两侧或者是车辆的后窗玻璃下的按钮，将后排座椅放倒。撬开后备厢的锁芯盖，顺时针转动锁芯，后备厢会自动弹开，你就可以从后备厢里跳出车外了。

用力敲打玻璃

你可以用力拍打车前面的挡风玻璃，或者使用在车里找到的一切东西代替用手来拍打。要一边拍打一边大声呼救，这样更容易引起别人的注意。

牢记安全小口诀

小朋友，要记牢，
封闭车厢有危险。
冷静下来开车门，
喇叭双闪引注意。

这才是孩子爱看的安全自救书

下列说法中哪些是正确的？请你在正确答案后面的括号里画√，并试着说出你的理由。

1 为什么夏天车内温度会很高？（多选）

A. 汽车本身是由金属制成的，金属吸收热量的速度很快（　　）

B. 车厢是封闭空间，里面的温度会急剧上升（　　）

C. 汽车的玻璃属于略带凸透的镜面，阳光射入车窗，却无法反射出来，导致车内温度上升（　　）

D. 车内装饰大多是黑色的，黑色很容易吸收热量（　　）

2 在车上睡着了，发现被爸爸锁在了车里，透过车窗看到外面有人，该怎么办？（多选）

A. 一遍又一遍按喇叭（　　）

B. 因为害怕而哭泣（　　）

C. 打开双闪（　　）

D. 用手拍打玻璃（　　）

3 被困在车里后，发现周围没有人，可以采用怎样的做法来自救呢？（多选）

A. 如果手边有水的话，可以先喝水来降温（　　）

B. 按下中控台上的"解锁"键，拉开门拉手打开车门（　　）

C. 如果车子有天窗的话，尝试打开天窗（　　）

D. 用水壶砸车窗（　　）

安全教育小锦囊

锁车前，父母要注意检查孩子是否在车里，还要教育孩子不要钻进封闭的车里玩耍。告诉孩子被困车内时不要哭闹，否则只会消耗体力。孩子在3岁以后，已经具有行为能力和理解能力，父母要根据自己家车型的特点教会孩子从车内开启车门和在车内求救的方法。

正确答案：1. A B C D　2. A C D　3. A B C

安全小故事

　　小云上完钢琴班的课程，等着爸爸来接她回家。"爸爸怎么还不来呀？"等了半个小时，也没看到爸爸的身影，小云决定自己回家。

　　小云隐约记得来时的方向，但是在繁华的路口左转右转，她开始感觉晕头转向。周围都是高楼大厦，好像都很眼熟。走着走着，小云来到了一个陌生的地方，天色渐渐黑了下来，她开始慌张了。还好，路口站着一名交警，小云赶快跑了过去，喊道："叔叔，我迷路了。"

安全警示灯： 为什么说街头迷路的时候，不能随便找人求助？

　　小朋友，当你在街道上迷路，找不到方向的时候，不要一味地哭泣，不要独自在陌生的地方转来转去，这样很有可能会被坏人盯上，更不要随便答应让陌生人送你回家。万一遇到不怀好意的陌生人，你就会遇到危险。

安全小卫士有话说

向商场、店铺内的保安求助

我们迷路的时候，可以找路边商场、店铺、银行里的保安寻求帮助，请他们帮助我们给爸爸妈妈打电话。

向穿制服的工作人员求助

如果找不到保安人员的话，我们还可以向穿着制服的工作人员寻求帮助，比如银行职员、车站的工作人员、商场的前台、商店里的售货员、餐厅里的服务员等。

向警察求助

我们还可以向警察求助，也可以去附近的交警队、派出所、治安岗亭等地方寻求帮助。

向单位内的工作人员求助

路边有单位或者公司的话，我们也可以走进这样的地方，向其中的工作人员寻求帮助。

牢记安全小口诀

街头迷路不要哭，
找人帮忙想办法。
保安帮我打电话，
警察护送我回家。

下列说法中哪些是正确的？请你在正确答案后面的括号里画"√"，并说出你的理由。

① 放学后，妈妈没来接我，我该怎么办？（多选）

　A. 虽然我不认识路，但还是决定自己回家（　　　）

　B. 在学校门口继续等待（　　　）

　C. 一个叔叔说送我回家，我答应了（　　　）

　D. 找门卫爷爷，让他帮忙联系爸爸妈妈（　　　）

② 放学第一次走路回家，走着走着就迷路了，我该找谁来帮我呢？（多选）

　A. 路口的交警叔叔（　　　）

　B. 便利店里的售货员（　　　）

　C. 一个陌生的阿姨（　　　）

　D. 附近超市的保安（　　　）

③ 和爸爸妈妈逛商场，我忽然找不到他们了，怎么办？（多选）

　A. 去商场的办公室，请工作人员广播，帮我找爸爸妈妈（　　　）

　B. 找商场的保安帮我给爸爸妈妈打电话（　　　）

　C. 一边哭，一边到处找爸爸妈妈（　　　）

　D. 站在原地，等着爸爸妈妈来找我（　　　）

安全教育小锦囊

　　我们平时要和孩子约定好，如果父母或其他家人没来学校接孩子，要耐心等待一会儿，不要擅自离开学校。让孩子牢记爸爸妈妈的联系电话和家庭住址，或者随身携带紧急情况的联系卡片，方便迷路时及时求助。

正确答案：1. B D　2. A B D　3. A B D

第三章

在校园里保护好自己

安全小故事

有一次，豆豆穿了一件红色外套，后面印了一个女孩的头像。坐在他后面的男生趁他不注意，用黑色油笔在他的背上写下"我是女生"几个字，其他男生看到了都大笑不止。在对方拳头的威胁下，豆豆也没敢告诉老师。

 安全警示灯：遭遇羞辱、殴打应该怎么办？

小朋友，在学校里你被同学欺负过吗？你有没有因为害怕不敢告诉爸爸妈妈和老师呢？如果被辱骂、殴打，一定要记住"NOT原则"（not off talk），"not"是不要默默忍受，"off"是迅速离开，"talk"是学会求助。不要因为害怕而选择自己一个人解决，那只会让施暴者变本加厉。

对侮辱性的绰号说"不"

如果班级里有同学给你起绰号，你不喜欢的话，一定要勇敢地说出自己的想法，严肃地告诉他们："我不喜欢这个绰号，你们不要再这样叫我了！"

尽快脱身

当你和对方的力量相差悬殊时，不要逞强，不要和对方硬拼，更不要故意去激怒对方。要尽量找机会逃跑，离开危险的环境。

大声呼救

如果没有找到逃跑的机会，可以大声向其他人或路人求救。在被殴打时，要注意双手抱头，尽力保护头部，尤其是太阳穴和后脑勺。

对辱骂、造谣、污蔑说"不"

如果同学辱骂、造谣、污蔑你，你在开始的时候就不要忍气吞声。一味地忍让只会让对方得寸进尺，我们要保持冷静，勇敢地为自己辩护。

牢记安全小口诀

校园暴力别害怕，
求助家长要记牢。
面对欺负不硬拼，
尽快脱身最重要。

下列说法中哪些是正确的？请你在正确答案后面的括号里画"√"，并试着说出你的理由。

① 不喜欢同学给起的绰号，应该怎么办？（多选）

A. 默默地接受，不反对（　　　）

B. 一个人偷偷地哭（　　　）

C. 让他们不要这样叫自己（　　　）

D. 告诉爸爸妈妈和老师（　　　）

② 在学校被同学打了，怎么做是错误的？（多选）

A. 怕遭到对方的报复，默默地忍受（　　　）

B. 回家告诉爸爸妈妈（　　　）

C. 叫上几个好朋友，把对方带到偏僻的地方打一顿（　　　）

D. 偷偷地带一把刀到学校，吓唬对方（　　　）

③ 下面哪些行为属于校园暴力呢？（多选）

A. 同学喜欢我的铅笔盒，直接抢走了（　　　）

B. 同学嫉妒我的新书包，把墨水泼在上面（　　　）

C. 同学们嫉妒我成绩好，都不和我玩（　　　）

D. 几个同学把一个同学堵在厕所殴打（　　　）

安全教育小锦囊

父母平时要注意让孩子锻炼身体，让身体变得强壮，在行为处事上不要让孩子表现得胆小懦弱。平时要多注意孩子的身体、情绪和行为习惯是否有异常。当孩子遭遇相关暴力事件，要引导孩子讲清事情原委，将负面情绪发泄出来。必要时要采取法律手段维护孩子的权益。

正确答案：1. C D　2. A C D　3. A B C D

2·上下楼梯不要拥挤

安全小故事

　　下课铃声一响，小坤就抓起书包冲向了楼梯口。人很多，小坤看前面的人静止不动，着急地喊："前面的人快点走啊。"然后，就随着身后人流的力量用力地向前挤。

　　突然，前面有人喊道："别挤了，有人摔倒了。"可是后面的人仍然不断地向前涌来，小坤和几个同学滚下了楼梯。楼梯上的人很快堆成了人堆，呼救声和喊叫声不停地传来。

 安全警示灯：为什么上下楼梯的时候不要拥挤？

　　小朋友，在学校，我们上下楼都要走楼梯，可是你知道楼梯也是潜在的危险区域吗？很多楼梯比较狭窄，如果这个时候大家互相拥挤，万一前面的人被挤倒，后面的人停不下来，就会踩在前面摔倒的人身上，导致其受伤甚至死亡。

靠右边慢行

上下楼梯时我们要踩稳台阶，靠右边行走。可以一边抓住扶手，一边走路，保证身体的平稳和安全。如果前面有人，要拉开距离跟在后面。

不要推搡前面的人

上下楼梯时，如果前面有其他行人，我们不要推搡前面的人，也尽量不要抢行，避免发生危险。觉得人多时，我们还可以先等一等，等到人少的时候再走。

不在楼梯上追逐打闹

在楼梯和楼道里和其他同学追逐打闹，很容易磕到墙上，或者碰到其他同学。跑得太快，可能会踩空台阶，导致崴脚或摔伤。

不攀爬护栏和扶手

攀爬楼道护栏，或者把楼梯扶手当作滑梯，很容易因为控制不住身体而摔伤，特别是当护栏、扶手不结实的话，更容易造成意外伤害。

牢记安全小口诀

上楼下楼有秩序，
不挤不推慢慢行。
身体靠右不挡路，
不要拥挤不打闹。

这才是孩子爱看的安全自救书

下列说法中哪些是正确的？请你在正确答案后面的括号里画"√"，并试着说出你的理由。

① 上下楼梯的错误姿势有哪些呢？（多选）

　A. 单脚跳着上下楼梯（　　　）

　B. 背过身倒着上下楼梯（　　　）

　C. 一步一步地上下台阶（　　　）

　D. 一次踩两三级台阶上下楼梯（　　　）

② 我抱着一摞作业本上楼，碰见同学抱着个篮球也要上楼，我们怎么做才是正确的呢？（单选）

　A. 让他先走，我走他后面（　　　）

　B. 我俩比赛看谁先到三楼（　　　）

　C. 和他并排上楼（　　　）

　D. 我俩站在楼梯上聊天（　　　）

③ 学校组织在操场上开会，楼梯上的人很多，应该怎么办？（多选）

　A. 从楼梯扶手上滑下去，能更快下楼（　　　）

　B. 在后面等一会儿，等人少一点再走（　　　）

　C. 干脆坐在楼梯上等（　　　）

　D. 尝试走别的楼梯，不和别人挤（　　　）

安全教育小锦囊

　父母要教育孩子走楼梯时也要遵守规则，要礼让行人。上下楼时要集中精力，眼睛观察脚下和前方。不要在楼梯上急速奔跑，也不要做攀爬护栏和扶手等危险动作。上下楼梯时，尽量和其他行人保持一定的距离，避免拥挤。

正确答案：1. A B D　2. A　3. B D

安全小故事

大课间的时候，小吉被一个高年级的同学堵在厕所的隔间。"把钱掏出来。"对方用身体堵住隔间的门，对他说。"我没钱。"小吉可不想把自己的零花钱给这个无赖。

"没钱？那就别怪我不客气了。"对方上来拽着小吉的衣服，试图搜他的口袋。小吉刚要大喊，只听对方恶狠狠地说："你如果敢喊，就让你尝尝拳头的滋味。"小吉只好乖乖地把口袋里的钱交了出去。

 安全警示灯：遇到敲诈勒索应该怎么办？

小朋友，你有没有遇到过同班同学或是高年级同学找你要钱呢？这种行为就是敲诈勒索。遇到这种情况，一定不要因为恐惧而自己解决，要及时告诉家长、老师，也可以报警。你要保护好自己，也不要因为被威胁而默默忍受。

安全小卫士有话说

巧妙周旋

当对方的力量强大时，可以假装服从，暂时答应对方的条件，表示现在自己身上没有钱或钱不够，另外约定交钱的时间和地点。等到对方离开后，告诉父母、老师或者报警。

必要时舍弃财物

当生命受到威胁的时候，要舍弃财物，让自己尽快脱离危险。和钱财相比，最重要的是保证自己的人身安全。

及时求助或报警

被敲诈勒索后，要第一时间告诉父母，由他们出面找老师沟通，请学校协助处理问题。情况严重或者涉及校外人员时，需要由警方介入处理。

保持冷静

当遭遇对方勒索的时候，既不要存在侥幸心理，也不要因过于害怕而慌乱，要沉着应对。不要因惧怕对方的言语恐吓和威胁，而一味地满足对方的要求，要勇敢地保护自己。

牢记安全小口诀

敲诈勒索是违法，
不要慌来不要怕。
装作服从保安全，
脱离险境再报警。

下列说法中哪些是正确的？请你在正确答案后面的括号里画"√"，并试着说出你的理由。

1 在学校里，一个同学找我要钱，威胁我不给的话就要打我，我该怎么办？（多选）

    A. 答应他，他要多少就给他多少（   ）

    B. 坚决不给，和他打架（   ）

    C. 突然说自己肚子疼，倒在地上打滚，大喊大叫把老师引来（   ）

    D. 骗他说附近有警察，吓唬对方（   ）

2 放学后，我被人堵在马路边勒索，我该怎么办？（多选）

    A. 招呼不远处的几个同学一起把他们揍一顿（   ）

    B. 他们拿着刀子，我只好先把钱交出来，然后再回家告诉爸爸妈妈（   ）

    C. 身边有一个叔叔路过，我赶快跑过去叫他"爸爸"，向他求助（   ）

    D. 假装自己身上没钱，去找别人借钱，伺机脱身（   ）

3 我被敲诈勒索后，怎么做才是正确的？（多选）

    A. 去找对方打架，把钱要回来（   ）

    B. 学着对方的样子，也勒索别的同学（   ）

    C. 第一时间把事情告诉爸爸妈妈（   ）

    D. 和爸爸妈妈一起去找老师或者找警察叔叔（   ）

安全教育小锦囊

    孩子遭遇敲诈勒索后，父母首先要保持冷静，不要使用暴力手段，要设法通过学校和法律途径来维护孩子的权益。如果孩子受伤，要保存好证据。此外，要安抚好孩子的情绪，让孩子相信父母能够保护他们，帮助孩子走出心理阴影。

正确答案：1. C D   2. B C D   3. C D

4 · 课间不追逐打闹

安全小故事

　　课间活动，小鹏追着周周不停地跑，边追边喊："站住。"被追赶的周周一直嘻嘻哈哈地回头逗他，嘴里说着："来啊来啊，你追不上我。"

　　突然，小鹏向前蹿了一大步，伸长胳膊，周周猛跑几步，忙着躲避，没想到被放在过道里的书包绊了一下，额头磕到了桌角上，当时就流血了。

 安全警示灯：为什么课间不能追逐打闹？

　　小朋友，你们是不是一下课就喜欢和同学到处追逐打闹、大喊大叫？这样不仅影响其他同学的休息，而且在追逐的过程中很容易导致自己或其他同学磕伤、摔伤或撞伤。尤其是一不留神，可能会损坏了教室里的桌椅、玻璃等公物。

去操场玩耍

课间活动的时候，我们想要和同学一起玩耍，可以去操场。操场上既空旷，又不会影响到别人。在操场上，我们可以尽情地玩游戏或者是打球，但是同样要注意活动时的安全。

在座位上休息

课间休息的时间通常比较短暂，我们除了喝水、去厕所之外，还可以在座位上休息一下，比如在椅子上安静地待一会儿，或者闭目养神。让大脑放松，才能更好地继续学习。

看课外书等其他活动

除了上面那些活动之外，我们也可以做些自己想做的事情，比如看课外书、画画等活动，既不影响其他同学，也能够让我们的精神得到放松。

预习下一节课的内容

在下一节课开始前，我们可以利用短暂的时间提前预习一下课本，大概了解一下后面课程的内容，为接下来的课程学习做好准备。

牢记安全小口诀

课间休息不打闹，
游戏要去操场玩。
休息看书不打扰，
规范言行好学生。

下列说法中哪些是正确的？请你在正确答案后面的括号里画"√"，并试着说出你的理由。

① 下课时，我和同学在教室里追跑打闹，可能会出现哪些情况？（多选）

A. 头部、眼睛、手脚会被桌椅的边角磕伤（　　　）

B. 奔跑中脚会被桌椅绊倒（　　　）

C. 大喊大叫会影响其他同学休息（　　　）

D. 在追逐中撞伤其他同学（　　　）

② 下课后，我可以和同学做哪些事情呢？（多选）

A. 和同桌小声地聊天（　　　）

B. 去找老师请教上一节课中不明白的地方（　　　）

C. 和同学一起玩从家里带来的玩具枪（　　　）

D. 有个同学和我开玩笑，我追着他跑（　　　）

③ 课间活动，我不应该和同学做哪些事情呢？（多选）

A. 和同学去操场打篮球（　　　）

B. 同桌带来一本漫画书，招呼我一起看书（　　　）

C. 和同学打闹时踢了对方一脚（　　　）

D. 和同学站在教室门口扔球玩（　　　）

安全教育小锦囊

父母要教育孩子，下课的时候尽量保持安静。在课间休息的时候不要大声喧哗影响别人，更不要追逐打闹引发危险。而且要让孩子知道，在追逐、玩耍的过程中会让自己的精神过度兴奋，很难在短时间内安静下来，会影响下一节课的学习效率。

正确答案：1. A B C D　2. A B　3. C D

安全小故事

体育课上，老师教大家学习投铅球。老师叮嘱大家，一定要等哨声响起之后才能投出铅球。上一个同学投完了球，后面轮到了小宇。小宇站到了投球的位置上，老师的哨声还没响，他就把铅球投了出去。没想到铅球不偏不倚地砸中了上一个投球的同学，还好同学急忙用双手抱住了头部，可是铅球仍然一下子砸到了他的胳膊上，胳膊顿时红肿起来。

 安全警示灯：为什么在体育课上不能做危险的动作？

小朋友，你喜欢上体育课吗？上体育课并不只是为了玩耍，更重要的是为了锻炼我们的身体，增强我们的体质。我们在上课时如果不按照老师的指导进行训练，身体很容易在做动作时受到伤害。在使用器械时，更要按照老师的口令做动作，否则很可能会伤到自己和别人。

跑步时不要串跑道

跑步时要在规定的跑道上进行，不要串跑道。因为跑步时，我们身体的冲击力很大，如果和其他同学互相碰撞，很可能会受伤严重。

参加球类运动时不要推、拉、撞

参加篮球、足球、排球等球类运动时，要遵守竞赛的规则，不要用推、拉、撞等危险的动作去争抢，在发生冲撞摔倒时要使用老师教的正确的缓冲动作。

做投掷练习时不要瞄准别人

使用球类等运动器械做投掷练习时，不要用投掷物瞄准别人。这些投掷物如果击中其他人，会出现严重的伤害，甚至会有生命危险。

做跳跃运动前要做好热身运动

在做跳远等跳跃运动前，要事先做好热身运动，否则很容易发生抽筋、崴脚等情况。做动作时要按照老师的指导动作起跳，才能够保护我们的身体安全。

牢记安全小口诀

跑步不要串跑道，

打球不要推拉撞。

投球不要瞄准人，

跳远前做好热身。

下列说法中哪些是正确的？请你在正确答案后面的括号里画"√"，并试着说出你的理由。

❶ 上体育课时，下面哪些是错误的行为？（多选）

A. 不让爬最高的单杠，还是要去爬（　　）

B. 把铅球举起来，和同学互相扔铅球玩（　　）

C. 地上没有保护垫，就去玩跳马（　　）

D. 在做队列练习时把前面的同学推倒（　　）

❷ 上体育课前，要注意哪些问题？（多选）

A. 在运动前充分活动四肢、脖子和腰部（　　）

B. 在平整的场地上做活动，绕开石头、土块等障碍物（　　）

C. 口袋里不放钥匙、发卡等尖锐、锋利的坚硬物品（　　）

D. 上体育课时要穿运动服和运动鞋（　　）

❸ 在做运动的时候，需要采取哪些行动能够避免身体受到伤害？（多选）

A. 参加球类运动的时候，戴上护膝、护腿、护踝等护具（　　）

B. 发现体育设施不牢固的时候不要冒险去玩（　　）

C. 一上来就做负荷量很大的运动（　　）

D. 按照老师教授的动作要领和方法进行锻炼（　　）

安全教育小锦囊

　　父母要告诉孩子，在运动时要注意保护自身的安全，同时要在适当的场地进行活动，不要伤及他人的安全。运动时不要逞能去做自己做不到的动作。身体不舒服时要告诉老师，不要勉强进行体育活动。

正确答案：1.A B C D　2.A B C D　3.A B D

6·不对同学做恶作剧

安全小故事

上课时，老师让睿睿的同桌站起来回答问题。睿睿趁着同桌回答问题，就悄悄地站起来，把他的椅子慢慢地挪到了一边。周围的同学看到睿睿的举动，有的捂着嘴巴笑，有的想说话，却被睿睿瞪了一眼，就没敢出声。

同桌回答完问题后坐下，没想到椅子早就不在原来的位置上，他一下子跌坐在地上……

 安全警示灯：为什么不能对同学做恶作剧？

小朋友，你喜欢对同学做恶作剧吗？也许你并没有什么恶意，只是觉得好玩，但是这些恶作剧很容易让别的同学受到惊吓，严重时还会伤害到别人的身体。被捉弄的人觉得我们不尊重他，就不喜欢和我们一起玩了。所以我们不要捉弄其他同学，大家要和睦相处。

不要在别人背后贴纸条

在纸上写一些玩笑话，比如"我是猪"，或者画些乌龟之类的图画，然后贴在其他同学的后背上。这样虽然看着很有趣，但对被戏弄的同学却是一种侮辱，千万不要这样做。

不要把别人的东西藏起来

有时候我们喜欢趁着同学不注意的时候，把他们的铅笔盒、书本等东西藏起来，让他们到处找。这种藏同学东西的行为，会让对方很着急，还会影响到同学的学习。

不要在同学的铅笔盒里放虫子

在同学的铅笔盒、书包、课桌抽屉里放毛毛虫、蝴蝶等各种动物，看同学被吓得惊声尖叫、手足无措。这样的"闹着玩"可能会让同学产生心理阴影，会影响到同学的日常生活。

不要做拉椅子等危险行为

在同学站起来时，偷偷地把椅子挪走，会导致他们摔倒。或者在同学奔跑、行走时，伸出脚把同学绊倒。这些行为非常危险，很容易让同学的头部和躯干受到磕碰，引起严重后果。

牢记安全小口诀

恶作剧，不要玩，
身体心理影响大。
伤害别人不可取，
相互尊重更和睦。

这才是孩子爱看的安全自救书

下列说法中哪些是正确的？请你在正确答案后面的括号里画"√"，并试着说出你的理由。

❶ 下列哪些行为属于过火的恶作剧，不应该去做？（多选）

　　A. 有个同学急着跑回自己的座位，我抬腿把他绊倒（　　　）

　　B. 躲在门后面，看到有同学进来，就出去吓他一跳（　　　）

　　C. 把同学脱下来的校服扔进垃圾桶，让他到处找（　　　）

　　D. 把教室的门锁上，不让其他同学进来（　　　）

❷ 在学校里，可以和同学做哪些事情？（多选）

　　A. 和同学在过道两侧拉起一根绳子，把经过的同学绊倒（　　　）

　　B. 和同学一起玩安全的游戏（　　　）

　　C. 把同学的课本藏到我的书包里，不告诉他（　　　）

　　D. 和同学一起做作业（　　　）

❸ 学校要举行运动会，参加的同学在操场上做练习。我在一边观看，这时什么样的行为才是正确的？（多选）

　　A. 劝围观的同学远离跑道，不要影响练习的同学（　　　）

　　B. 站在跑道旁边，看到同学接近终点时就把脚伸出来（　　　）

　　C. 同学们抱在一起庆祝进球时，跑过去把最里面的同学压倒在地（　　　）

　　D. 帮助参加运动会的同学看好衣服和水壶（　　　）

安全教育小锦囊

　　父母发现孩子有恶作剧的行为时，不要急着打骂和威胁孩子。教会孩子设身处地为他人着想，告诉孩子和别人开玩笑要有尺度，不能做侮辱、伤害别人的事情。引导孩子把好奇心和精力运用到有意义的活动上去。

正确答案：1. A B C D　2. B D　3. A D

7·课间不拿着小刀、圆规等物嬉戏

安全小故事

　　下课了，轩轩从书包里掏出一把小刀，不停地划同桌小科的课桌。小科急忙阻止轩轩。轩轩满不在乎地白了他一眼，说："我愿意，你管不着。"

　　小科伸手就去抢轩轩手里的小刀。轩轩当然不肯给，还拿着刀朝小科比画。两个人你推我搡时，轩轩不慎用刀划伤了小科的手掌，小科的手掌顿时鲜血直流。

 安全警示灯：为什么不能拿着小刀、圆规等物嬉戏？

　　小朋友，你会玩小刀、圆规之类的东西吗？它们都有着尖锐、锋利的部分，十分危险。而且这些都属于文具，并不是玩具。不要玩这些锋利的东西，更不要和其他同学争抢它们或者拿着它们和同学打闹。否则一旦伤到我们自己或者是其他同学的身体，后果会十分严重。

不要在教室里玩激光笔

千万不要用激光笔照射别人的眼睛、皮肤和衣服，因为激光笔射出的激光具有一定的穿透作用，对准人的眼睛时会造成灼伤，会让人丧失视力，甚至导致失明。

不要在教室里玩飞镖

飞镖在投掷的过程中，会产生非常大的冲击力，而且飞镖的顶端非常尖锐。如果其他同学被飞镖刺中，会导致很严重的身体伤害。

不要在教室里玩弹弓、弓箭

无论是自己做的弹弓，还是购买的弓弩类玩具，都不要玩。因为玩的时候可能会不小心打破教室里的玻璃或其他东西，如果射到别人的眼睛或身体上，也会造成损伤。

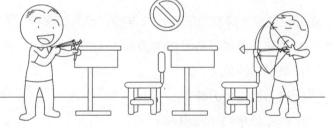

不要在教室里玩玩具枪

能够发射子弹的玩具枪，它们射出的子弹如果打到其他同学的眼睛或身上的话，会出现很严重的外伤，十分危险。

牢记安全小口诀

尖锐物品要收好，
使用不当会伤人。
危险玩具不要玩，
保护自己和他人。

下列说法中哪些是正确的？请你在正确答案后面的括号里画"√"，并试着说出你的理由。

❶ 下面哪些玩具非常危险，不能带到学校里来？（多选）

A. 可以发射牙签和金属针的弓弩（　　　）

B. 带电或是散发恶臭气味的整蛊玩具（　　　）

C. 网络游戏里的兵器模型（　　　）

D. 带尖头的指尖陀螺（　　　）

E. 激光笔和激光灯（　　　）

❷ 去学校上课，需要带着圆规和铅笔刀，下列哪些做法是错误的？（单选）

A. 圆规和铅笔刀要放在收纳盒里带到学校（　　　）

B. 下课时我和同学闹着玩，就拿圆规扎他（　　　）

C. 让妈妈给我买没有金属针的塑料圆规，避免我被扎伤（　　　）

D. 铅笔刀太锋利了，我还是带卷笔刀上学更安全（　　　）

❸ 如果要带一样安全的玩具去学校，该选择哪种呢？（多选）

A. 军棋、象棋等各种棋类游戏（　　　）

B. 毽子和沙包（　　　）

C. 磁力泥或磁力珠（　　　）

D. 汽车模型和乐高积木（　　　）

安全教育小锦囊

父母要告诉孩子，尖锐物品具有很大的危险性，在使用的时候需要注意安全，用完时要尽快收拾起来，不要随意拿着玩耍。给孩子购买安全、健康的文具和玩具，教育孩子不要用物品的尖端对准别人。无论是否有子弹，都不要用玩具枪的枪口对准别人射击。

正确答案：1. A B C D E　2. B　3. A B D

第四章

遇到坏人怎么办

安全小故事

　　放学后，小蕾独自上了公交车，刚找了个位置坐下，身后突然有个声音响起来："小姑娘，你的蝴蝶结真漂亮。"小蕾回头看去，一个陌生叔叔正对着她笑。

　　小蕾有点害怕。"小朋友，你妈妈呢？你叫什么名字？多大了？"那个陌生叔叔再次询问道。

　　小蕾没有回答，而是起身跑到了离司机叔叔最近的位置坐下。

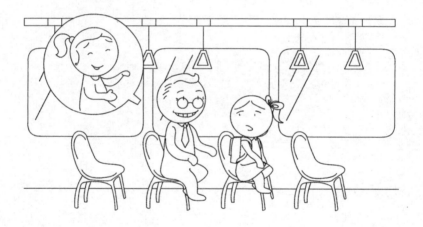

 安全警示灯：为什么不能向陌生人透露个人信息？

　　小朋友，平时亲戚朋友会问你"几岁了？""上几年级了？"等，爸爸妈妈都会让你照实回答，但如果对方是陌生人，你可要小心了，千万不要把你的名字、家庭住址、爸爸妈妈是做什么的等信息告诉对方。这很可能会被对方利用，做出伤害你的事。

这才是孩子爱看的安全自救书

安全小卫士有话说

保持沉默

    如果有陌生人询问我们的个人信息，我们可以保持沉默，把身体转向另一边，或者快速走开，不要再搭理他。

迅速离开

    如果陌生人一再地询问，我们可以告诉对方："爸爸妈妈不让我说。"然后迅速跑到远离他的地方，这样更安全。

征求爸爸妈妈的意见

    如果爸爸妈妈在场，而且他们允许的情况下，我们可以向陌生人透露自己的信息，比如医院的医生护士、机场的安检人员、家中的客人、小区的邻居等。

牢记安全小口诀

个人信息是秘密，
牢牢记在脑袋里。
生人打探诱骗你，
千万不要说出去。

下列说法中哪些是正确的？请你在正确答案后面的括号里画"√"，并试着说出你的理由。

1 陌生人问的哪些问题，我不能回答？（多选）

A. 爸爸妈妈的真实姓名（　　　）　　　B. 爸爸妈妈的联系电话（　　　）

C. 家里的地址（　　　）　　　D. 平常谁接我放学（　　　）

2 玩游戏时有个网友说可以免费赠送游戏皮肤，让我按照步骤操作，这个过程中我要注意不可以提供什么？（多选）

A. 爸爸妈妈的微信、支付宝的支付密码（　　　）

B. 我和爸爸妈妈的身份证号（　　　）

C. 我的照片（　　　）

D. 爸爸妈妈的银行卡号（　　　）

3 有人拦住我说要做问卷调查，还说要给我一个玩具，如何回应才是正确的？（多选）

A. 不相信对方，立刻离开（　　　）

B. 听听他问什么，如果有涉及个人信息的问题，不要回答（　　　）

C. 为了得到玩具，不管对方问什么，我都回答他（　　　）

D. 告诉对方"我爸爸在前面，我让他来回答你"（　　　）

4 和爸爸妈妈去旅行，哪些情况下我可以透露自己的个人信息呢？（多选）

A. 在机场安检的时候，安检人员问我的姓名、年龄（　　　）

B. 出去吃饭时，餐馆老板问我叫什么，爸爸妈妈允许我说（　　　）

C. 爸爸妈妈碰见了好久不见的朋友，那个叔叔问我多大了（　　　）

D. 我在旅馆大堂里，有个老奶奶和我搭讪（　　　）

安全教育小锦囊

平时家长要提醒孩子，自己的家庭住址，爸爸妈妈的手机号、微信号等都是私人信息，不可随便告诉别人。一定要让孩子提高警惕，没有爸爸妈妈的允许，绝不乱说。

正确答案：1. ABCD　2. ABCD　3. ABD　4. ABC

2 · 不轻易理陌生人的求助

安全小故事

放学后，小莲跑到小区花园里玩，玩得正高兴时，只见一个叔叔走过来，问她："小朋友，你看见过这只狗吗？"说着给小莲看了手机里的几张照片和视频。

"没见过。"小莲摇了摇头。叔叔又问道："它可爱吗？"小莲回答："当然可爱了。""那这么可爱的小狗走丢了，你能不能跟我走，帮我去找找它？"叔叔急忙问道。

小莲想了想，说："爸爸妈妈不让我走远。要不我让爸爸帮你找吧。"说完，小莲转身就往家的方向跑。

 安全警示灯：少儿为什么不能轻易帮助陌生成人？

小朋友，你现在还很弱小，还没有能力去帮助一个大人。正常的成年人遇到困难一定是找警察，或者找其他成年人帮忙，而不会向一个陌生的孩子求助。如果求助的人是坏人，我们的同情心和善良会被他们所利用，助人不成，反倒落入虎口，受到伤害。

安全小卫士有话说

不要给陌生人带路

如果有陌生人过来问路，我们不知道的话，可以说不认识或者让他找警察或其他人。知道的话，我们可以给他指路，但是假如对方请我们给他带路的话，我们要拒绝他。

不要帮助陌生人寻找东西

有些人请求我们帮助找东西或找人，比如帮忙寻找宠物、寻找他的孩子等，我们不要因为觉得宠物可爱、同情别人就跟着对方一起去找，这样很可能会让自己落入坏人的陷阱。

不要帮助陌生人搬东西

有的陌生人说东西太重，想请你帮忙搬一下。你要想想，如果是大人都搬不动的东西，小孩子肯定也搬不动。这种不符合情理的要求，你要果断地拒绝对方。

不要跟随陌生人去偏僻的地方

偏远的地方人少，监控也少，会给坏人可乘之机。如果有人让你去没人的空房子、黑暗的小巷等偏僻的地方，你要提高警惕，否则很可能被人贩子拐骗或受到伤害。

牢记安全小口诀

有人求助多想想，
不要独自去帮忙。
偏僻地方不要去，
保护自己最重要。

下列说法中哪些是正确的？请你在正确答案后面的括号里画"√"，并试着说出你的理由。

❶ 遇到陌生人向我问路，我应该怎么做？（多选）

   A. 帮他报警求助（　　　）

   B. 礼貌地给他指路（　　　）

   C. 亲自给他带路（　　　）

   D. 说"不知道"，然后快速离开（　　　）

❷ 回家路上，我遇到一位阿姨，在她有哪些困难的情况下，我可以帮助她？（单选）

   A. 阿姨的脚崴了，让我扶她回家（　　　）

   B. 阿姨的女儿不见了，请我和她一起去找（　　　）

   C. 阿姨请我帮她去前面小巷里的小店买点东西（　　　）

   D. 阿姨问我附近哪里有银行（　　　）

安全教育小锦囊

   我们要教育孩子帮助别人之前，最重要的是需要保证自己的安全。助人之心要有，但是助人的方法有很多种。孩子想要帮助别人，不一定需要亲力亲为，可以让需要帮助的人去找警察或是其他大人，这样既能帮助别人，又能保护自己。

正确答案：1. A B D　2. D

3 · 不轻易要陌生人给的东西

安全小故事

某个幼儿园里模拟陌生人引诱孩子离开教室的场景。

陌生人问孩子们："小朋友，你们老师呢？"孩子们回答说老师出去了。

陌生人说："老师不在，那我带你们出去玩吧。"孩子们都说老师不让他们和陌生人走。

陌生人继续说："我不是坏人，你们看我这里有糖果和玩具呢。"孩子们拒绝吃糖，却没有拒绝玩具，开始玩了起来。

陌生人提出要带他们去麦当劳里玩，大部分孩子都高兴地跟着陌生人走出了教室。

 安全警示灯：为什么不能轻易要陌生人给的东西？

小朋友，有很多人贩子都是通过给小朋友"好处"来进行欺骗。最为常见的就是给一些糖果、饮料、小玩具等，吸引你跟着他们去某些地方玩，把你骗走拐卖。他们也会在食物和饮料里添加麻醉药物，你吃了就会昏迷，然后轻松被抱走。

安全小卫士有话说

警惕突然给你零食的陌生人

尤其要防范当你身边没有大人，独自一个人时，好心给你东西的人。比如放学回家或独自搭乘公共交通工具时，有人突然给你零食吃，你可以表示感谢后拒绝，然后尽快远离对方。

当心拿礼物引诱你和他走的陌生人

一些陌生人会拿着食物、饮料和玩具，让你和他去别的地方玩，你一定要小心，他可能想要把你骗到偏僻处拐卖。遇到这种情况，一定要坚决拒绝，然后赶快离开。

经过家长的同意才收礼物

并非所有的陌生人都要提防，比如来家里做客的爸爸妈妈的亲朋好友。如果对方给你吃的或者玩的，在经过爸爸妈妈同意后，你就可以放心收下，但别忘记说谢谢。

无论陌生人说什么都不能要他给的东西

在模拟场景中，一些孩子开始也拒绝了对方给的东西。但禁不住对方的花言巧语，几句好听的话，就让他们犹豫了，站起来和对方走了。记住，无论对方说什么，都不要相信他，都不要接他给的任何东西。

牢记安全小口诀

陌生人，要远离，

糖果玩具藏陷阱。

问过妈妈再收下，

表达谢意别忘记。

下列说法中哪些是正确的？请你在正确答案后面的括号里画"√"，并试着说出你的理由。

❶ 下面这些人里谁给的糖果，是不可以要的？（多选）

A. 火车站里不认识的阿姨（　　）

B. 家里来的陌生客人（　　）

C. 放学路上遇见的老奶奶（　　）

D. 春节串门时不认识的亲戚（　　）

❷ 我在商场的卫生间外面等爸爸，一个阿姨拿出薯片和巧克力，让我和她走，我应该怎么办？（多选）

A. 说"爸爸不让我吃陌生人的东西"（　　）

B. 不理睬她，坚决不和她走（　　）

C. 说"我爸爸马上就从厕所里出来"（　　）

D. 吃下她的食物，和她离开（　　）

❸ 和妈妈吵架后在马路上闲逛，一个认识的叔叔说请我吃肯德基，我应该怎么办？（多选）

A. 说现在有事情，下次再去，然后离开（　　）

B. 高兴地跟着叔叔离开（　　）

C. 说妈妈在后面，要去找妈妈（　　）

D. 说要先征求妈妈的意见，然后给妈妈打电话（　　）

安全教育小锦囊

父母平时要教育孩子，不要随意接受陌生人给的食物和饮料，也不要因为任何东西就跟着陌生人去别的地方。如果有陌生人好心给孩子礼物，必须先征得父母的同意，这样既能保证孩子的安全，又不会让对方很尴尬。

正确答案：1. A C　2. A B C　3. A C D

4·不一个人偷偷去见网友

安全小故事

萌萌在网络聊天的过程中，认识了一个叫毛毛虫的网友。毛毛虫自称是一名大学生，正在调查小学生的饮食对体重的影响，问她是不是可以见面回答几个问题。萌萌有点犹豫，但听说回答完问题后会赠送一套芭比娃娃，萌萌就答应了。

周六下午五点，萌萌对妈妈撒谎，说和同学约了在小区的游乐场玩。结果，晚上八点多还没回家，游乐场也不见人，妈妈急得报了警。

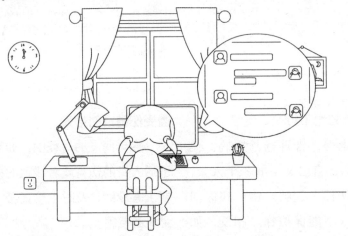

 安全警示灯：为什么不能和网友私自见面？

小朋友，当你兴冲冲地想要去见网友的时候，你有没有想过可能会遇到危险呢？网络上的人都是匿名的，你们两个虽然通过网络聊得很愉快，但其实你并不了解对方，不知道他到底是个什么样的人，你很可能会因此被拐卖，被伤害。

不要一个人去附近见网友

如果网友约你见面，一定要告诉爸爸妈妈，千万不要独自偷偷去见对方，哪怕对方说的地点并不远，你也熟悉。只有爸爸妈妈同意，愿意陪同你，在附近保护你，才可以去。

不要偷偷去外地见网友

不要去远离居住地的外省市和网友会面。我们去不熟悉的地方可能会发生危险情况，而且路途遥远，在途中也可能会出现各种意外状况。

和小伙伴结伴去也不行

也许你觉得，告诉爸爸妈妈，他们肯定不同意，自己又不敢一个人去，那就找个小伙伴一起吧。错！和你同龄的小伙伴，不能保护你。相反，如果遇到坏人，你们都会落入危险之中。

遭受伤害及时报警

在见网友的过程中，如果我们不幸遭遇人身的伤害或者钱财的损失，一定要沉着冷静，及时主动报警，避免受到更大的侵害。

这才是孩子爱看的安全自救书

牢记安全小口诀

网络交友很新奇，
私自见面有危险。
父母陪同才安全，
离家太远不可行。

下列说法中哪些是正确的？请你在正确答案后面的括号里画"√"，并说出你的理由。

1 网友想要和我一起去游乐场，我该怎么做？（多选）

　A. 爽快地答应，一切听对方安排（　　　）

　B. 和对方约好地点，准备一个人偷偷去（　　　）

　C. 询问爸爸妈妈的意见（　　　）

　D. 请爸爸妈妈陪我一起去（　　　）

2 网友住的城市有很多好玩的、好吃的，他请我去，我怎么做才正确？（单选）

　A. 悄悄拿妈妈的钱准备买票（　　　）

　B. 偷偷坐车去找他（　　　）

　C. 邀请一个同学一起去（　　　）

　D. 太危险了，不去（　　　）

3 网友让我晚上等爸爸妈妈睡了，开摄像头陪他聊天，我该怎么办？（多选）

　A. 好玩，很开心地答应他（　　　）

　B. 告诉他需要爸爸妈妈的同意（　　　）

　C. 我们是好朋友，聊什么都可以（　　　）

　D. 委婉拒绝，不轻易泄露个人信息（　　　）

安全教育小锦囊

　网络时代，孩子很可能会接触各种各样的网友。我们要关注孩子和网友的交流，告诫孩子不可单独与网友见面。同时，避免用强硬的态度反对孩子交网友，以免激起孩子的逆反心理，偷偷去见网友。

正确答案：1. C D　2. D　3. B D

安全小故事

晨晨正在路边玩，突然被一个男人一把抱进一辆小汽车里。晨晨没有挣扎哭闹，而是对旁边的男人笑了笑，好奇地问："叔叔，我们是在玩游戏吗？"晨晨的天真，让男人放松了戒备。

看司机把车停在一个加油站，晨晨做出痛苦的样子，说要大便。男人担心他拉到车上，就带他去厕所。晨晨悄悄观察到厕所旁边就是便利店，于是，他忽然拽着男人的胳膊一边往便利店走，一边大声说："爸爸，爸爸，我要喝可乐。"

男人怕引起别人的注意，只好任由晨晨把自己拖进了便利店。只见晨晨冲到货架前，故意把货架上的很多东西都扔在地上，还狠狠踩了几脚。晨晨的无礼，立即引来了店员。晨晨看到那个男人偷偷跑了，才哭着说自己是被人贩子抓到这儿的。

 安全警示灯：为什么说被人贩子抓住，要用正确的方法求救？

小朋友，如果你被人贩子抓住，一定不要一味地大吵大闹，哭喊着说你不认识对方，那样人贩子会说自己是你的父母，让别人误以为是爸爸妈妈在教育孩子，把你的求助当成是和父母闹脾气，从而选择旁观。所以当你遇到危险时，要用正确的方法求助才能让自己得救。

用牙咬、用脚踹人贩子

在被人贩子控制，要被强行带走的时候，除了大声呼喊"救命，他是人贩子"吸引路人注意之外，还可以用牙咬、用脚踹、用指甲掐等各种方法挣脱。

抢夺、破坏周围人的财物

被人贩子强行控制，碰到身边有人，可以迅速夺走对方手里的手机或者其他物品，或者破坏周边摊位和商店里的货物，这些突发状况会吸引人们的注意，让人贩子紧张。如果对方报警，人贩子也会被吓得落荒而逃。

喊经过的路人"爸爸""妈妈"

如果被人贩子带走的时候，周围有路人经过，可以朝他们大喊"爸爸""妈妈"，或是其他的亲属的称呼，让人贩子因为害怕而放下你。

寻找机会求助、逃走

如果发现被拐卖后，已经在火车、汽车等交通工具上，不要盲目反抗，以免遭受伤害。要尽快冷静下来，最好先表现得很听话，让对方放松警惕，再寻找机会逃脱，或者向人求助。

牢记安全小口诀

被拐骗，不要怕，
机智冷静巧应对。
引起注意赶快跑，
脱离魔掌找警察。

下列说法中哪些是正确的？请你在正确答案后面的括号里画"√"，并说出你的理由。

① 一个人在外面时，忽然被一个陌生人抱起来，我该怎么做？（多选）

A. 我很害怕，没有发出声音（　　　）

B. 我一边大喊"救命"，一边咬他、踢他，迅速地跑开（　　　）

C. 我哀求对方放了我（　　　）

D. 哭着喊"妈妈"（　　　）

② 拖着我走的陌生人威胁我，不许我哭，我该怎么办？（多选）

A. 听他的话不哭（　　　）

B. 把路人手里的手机抢过来摔在地上（　　　）

C. 对路过的人喊"爸爸，你怎么才来啊"（　　　）

D. 大喊"救命，有人贩子"（　　　）

③ 醒来的时候，发现自己和陌生人在火车上，我该怎么办？（多选）

A. 不敢用力挣扎（　　　）

B. 喝下对方给的饮料（　　　）

C. 伺机找乘务员求助（　　　）

D. 用力踹邻座乘客几脚（　　　）

安全教育小锦囊

平时我们可以尝试向孩子讲解或者演示被人贩子抓住的场景。告诉孩子要冷静，不慌张，抓住正确的时机，使用正确的求救方式，让自己脱离危险。

正确答案：1.B D　2.B C D　3.C D

这才是孩子爱看的安全自救书

6·防范那些危险的"熟人"

安全小故事

小琪来找邻居家的乐乐玩，正巧乐乐和他妈妈都不在。小琪正想离开，却被乐乐的爸爸金叔叔拦住："小琪你先别走，叔叔这里有点心，快过来尝尝。"小琪没多想就跟着金叔叔进了屋。

小琪刚进屋，金叔叔就一把抱住了她，还把手伸进小琪的裤子里。小琪觉得很难受，一边挣扎一边吵着要回家。金叔叔松开手，凶巴巴地让她保守秘密，不然就要杀了她和她爸爸妈妈。小琪一路跑回家里，害怕得瑟瑟发抖。

 安全警示灯：为什么要防范那些危险的"熟人"呢？

小朋友，坏人不都是陌生人。如果有你认识的人，比如邻居家的爷爷、同学的爸爸、爸爸妈妈的同事，甚至自己的亲戚、老师等，单独和你在一起时，触摸你的身体，还威胁你不准告诉爸爸妈妈，那他们就是坏人。

安全小卫士有话说

拒绝别人触摸我们的隐私部位

我们身上背心、内裤遮盖的地方都是隐私部位。除了爸爸妈妈帮我们洗澡、换衣服，带我们去医院检查身体外，这些部位是不能给别人看和触摸的，即使是非常熟悉的人也不可以。

拒绝强行的拥抱和亲吻

当熟人强行拥抱、亲吻你，让你感觉很不舒服、很不喜欢的时候，你可以拒绝，不要觉得不礼貌。即使对方说你不听话，是个坏孩子，你也不要上当，相信自己的感觉最重要。

不惧怕威胁和恐吓

坏人伤害我们之后，会哄骗、威胁我们，让我们保守秘密，这时不要害怕，要及时告诉爸爸妈妈或者直接报警。

不要观看和触摸别人的隐私部位

如果熟人把你带到隐秘的地方，强迫你触摸他身体的隐私部位，你要大声地对他说"不"，并想办法逃跑。如果当时没逃掉，也要在事后第一时间告诉爸爸妈妈。

牢记安全小口诀

熟人可能是坏人，
隐私接触要拒绝。
威胁恐吓不要怕，
赶快回家找妈妈。

下列说法中哪些是正确的？请你在正确答案后面的括号里画"√"，并说出你的理由。

❶ 下面哪些接触是不好的身体接触，我应该拒绝？（多选）

A. 爸爸妈妈亲我的脸（　　　）

B. 妈妈的闺密常来家里玩，她临走时抱了抱我（　　　）

C. 老师把我叫到没人的办公室里，搂着我的腰（　　　）

D. 邻居家的大哥哥把我带到他家，让我把衣服脱掉给他看看（　　　）

❷ 下列这些选项里，哪些是我可以放心地和他们单独待在一起的人呢？（多选）

A. 来家里看我的爷爷奶奶（　　　）

B. 爸爸的同事（　　　）

C. 看我在门口等爸爸妈妈，让我去他家的邻居叔叔（　　　）

D. 暑假来陪我的姑姑（　　　）

❸ 独自去邻居叔叔家玩，对方家里没有其他人在，经常送我零食的邻居叔叔说要和我玩一个新游戏，让我脱掉衣服，躺在床上……我该怎么做呢？（单选）

A. 觉得这是不好的事情，怕爸爸妈妈骂我，不敢和他们说（　　　）

B. 和爸爸妈妈把事情的原委讲清楚（　　　）

C. 相信叔叔说他喜欢我，这是我俩之间的秘密（　　　）

D. 回家就洗澡、换衣服，假装什么事都没发生（　　　）

安全教育小锦囊

　　父母不要避讳对孩子进行性教育。无论是男孩还是女孩，要教育孩子懂得保护自己的隐私部位。相信孩子的感觉，让孩子懂得拒绝别人恶意的接触。如果孩子受到侵害，要告诉孩子这不是他的错，不要指责孩子，以防导致孩子的心灵再次受到伤害。

正确答案：1. C D　2. A D　3. B

7·没有家长允许，不跟任何人回家

安全小故事

　　放学了，青青在学校门口等着妈妈来接她。这时候，一个阿姨走过来，笑着对她说："青青，你妈妈有事情不能来接你了，让你先去我家里待一会儿，跟阿姨走吧。"

　　青青认识这个阿姨，她是妈妈的朋友，想也没想就同意了。阿姨带着青青回到家，青青先是看了一会儿动画片，又吃了点零食。青青问阿姨，妈妈什么时候来接她？阿姨却变了脸色，凶狠地说："我要找你妈妈借点钱，给了钱，你才能回家。"青青没想到阿姨会这样做，当时就被吓傻了。

 安全警示灯：为什么即便是熟悉的人，也不能轻易跟他回家？

　　小朋友，你有没有遇到过陌生人让你和他回家呢？没有爸爸妈妈的允许，不能轻易跟任何人回家。因为领你回家的人也许怀有不可告人的目的，会做出伤害你的事。

安全小卫士有话说

接我们回家的人忽然换了，要警惕

平时接送我们上下学的，只能是我们的爸爸妈妈、爷爷奶奶、外公外婆等这些亲人。其他任何人想带我们回家，只要没有得到爸爸妈妈的允许，不管有什么理由，都不要轻易地相信他们。

给父母打电话确认

放学了，有人过来接你，说："你爸爸妈妈有事，让我来接你，跟我走吧。"遇到这种情况，应该先设法和爸爸妈妈取得联系，核实情况。不要在没有查证之前，就匆忙和他一起离开。

拒绝对方的诱惑

如果有熟人邀请你去家里玩，说他家里有好吃的东西、好玩的玩具。不要经不起诱惑，马上跟着对方走。这样很危险，要知道很多绑架和杀人案件都是这样发生的。

去别人家之前要得到父母的准许

如果我们想去别人家里玩，需要爸爸妈妈带着我们一起去，或者事先告诉爸爸妈妈，征得他们的同意后才能去。

牢记安全小口诀

上下学时要注意，
父母亲人才能接。
没有父母的同意，
别家不能随便去。

下列说法中哪些是正确的？请你在正确答案后面的括号里画"√"，并说出你的理由。

① 一个人在楼下玩，邻居刘叔叔说他家里有很多玩具，有汽车、飞机和变形金刚，让我去他家里玩。我该怎么做呢？（多选）

A. 毫不犹豫地跟刘叔叔走（　　　　）

B. 告诉刘叔叔，爸爸妈妈等我回家吃饭，改天再去他家玩（　　　　）

C. 回家告诉爸爸妈妈，他们同意了我再去（　　　　）

D. 直接说："我不去。"（　　　　）

② 放学时，下面哪些人来接我，我不能和他们离开？（多选）

A. 爸爸妈妈（　　　　）

B. 妈妈给老师打电话，说今天陈阿姨来接我（　　　　）

C. 邻居叔叔来接他儿子，想顺便接我放学（　　　　）

D. 自称是妈妈同事的阿姨（　　　　）

③ 被爸爸的一个同事带到位置很偏僻的家里，被关到了屋子里，我该怎么办呢？（单选）

A. 十分害怕，一直哭个不停（　　　　）

B. 大吵大闹着要回家，大声喊"救命"（　　　　）

C. 老老实实地听他的话，再找机会逃跑（　　　　）

D. 上去咬住他的胳膊（　　　　）

E. 威胁他说要报警抓他（　　　　）

安全教育小锦囊

我们可以给孩子讲一些其他孩子跟别人走后受到伤害的案例。告诉孩子，无论他认识还是不认识的人，都有可能会做伤害他的事情。教导孩子对除了父母外的所有人都要心怀警惕，凡事多思考，不要轻易相信别人说的话。

正确答案：1. B C D 2. C D 3. C

8·发现被人跟踪，往人多的地方跑

安全小故事

静静放学回家时，发现有个不认识的男人一直跟在自己身后。她走得慢一点，对方也走得慢。她故意走快几步，对方也紧跟了几步。静静害怕极了，她开始跑起来，边跑边向后看，那个男人仍然在后面紧追不舍。

眼看那个人和自己的距离越来越近，静静急中生智，掉转方向，跑向对面的一家小超市里。她害怕得不敢回头看，急切地对收银台的阿姨说："阿姨，救我……"

安全警示灯：发现被人跟踪，为什么要往人多的地方跑？

小朋友，如果你在走路的时候发现身后有人一直在跟踪你，是不是内心既害怕又慌张？这时候，你要立刻往附近人多热闹的地方跑，或者进入最近的店铺，如咖啡店、烟酒店、小超市等公共场所求助。只要你的身边有人，坏人就不敢随便做坏事。

跑向人流多的街道和广场

当发现有人跟踪自己的时候，我们可以跑到附近的街道、商业街和广场。那里人来人往，通常比较热闹，坏人不敢在人多的地方做坏事。

找附近的公安局、派出所

被陌生人跟踪时，我们可以边走边看看周围有没有警察，也可以找一找附近有没有公安局、派出所，朝这些地方跑过去，警察叔叔会帮助我们的。

去距离你最近的店铺

被陌生人跟踪时，我们还可以跑到离自己最近的超市、商场、银行、便利店等各种人多的场所里，这些地方有保安、店员等各种穿制服的工作人员，我们可以向他们求助。

上公交车、出租车找司机师傅求助

如果在被跟踪的时候，路边正好有公交车或出租车的话，我们可以上车向司机师傅求助。我们要把自己被坏人跟踪的事情告诉他们，请他们帮忙给爸爸妈妈打电话，或者报警。

牢记安全小口诀

在外要有警惕性，
被人跟踪不紧张。
寻找人多热闹处，
警察保安帮我忙。

下列说法中哪些是正确的？请你在正确答案后面的括号里画"√"，并说出你的理由。

1 如何判断自己可能被跟踪了？（多选）

A. 回头看时，对方会自然地回避（　　）

B. 加快脚步时，对方也加快脚步（　　）

C. 故意拐弯，对方也跟着拐弯（　　）

D. 故意停下来，对方也停下来（　　）

2 如果遇到被坏人跟踪的情况，跑到哪里才是正确的呢？（多选）

A. 热闹的商业广场（　　）

B. 空无一人的小巷子里（　　）

C. 附近小区的门卫室（　　）

D. 很多人经过的街心公园（　　）

E. 附近的菜市场（　　）

3 哪些做法有助于防止被跟踪？（多选）

A. 只顾着在路上走，不注意周围的环境，也不注意有没有人跟踪自己（　　）

B. 熟悉上下学的路线，记住沿途的派出所和治安岗亭的地点（　　）

C. 晚上放学时，走灯光昏暗又人烟稀少的小路（　　）

D. 放学、出去玩时都和同学们结伴而行（　　）

安全教育小锦囊

我们要告诫孩子，尽量不要一个人单独外出。在外面活动时最好和爸爸妈妈或者小伙伴们一起行动，不要落单。尽量去人多热闹的公共场所，尤其不要单独去荒凉、偏僻、路灯昏暗的地方，比如小巷、小路、空地等。如果逃跑时身上有沉重的东西，一定要及时舍弃。

正确答案：1. A B C D　2. A C D E　3. B D

第五章

外出游玩要当心

安全小故事

小海到农村的爷爷家过暑假。因为天气炎热，他和几个小伙伴来到附近的池塘边，纷纷脱了衣服跳进池塘游泳。

"还是水里凉快。"小海刚说完，只觉得脚踝被什么东西缠住了，整个人动弹不得，他先是喊了两声，就开始渐渐地往下沉。其他小伙伴都慌了，开始大声呼救。幸亏旁边的一位叔叔及时游过来，小海被救上来时，脸色发青，叔叔拍打他的后背，他吐出来很多水。

 安全警示灯：为什么不能到野外水域玩水或游泳？

小朋友，你知道吗？每年有很多人在水库、池塘、河沟里溺亡，其中大部分都是青少年。因为这些地方水下情况复杂，比如有水草、淤泥，或者漩涡、暗流，哪怕游泳技术不错，也很容易发生危险。而且野外水域没有消毒措施，细菌、病毒活跃，接触后容易感染、生病。为保证游泳的安全，我们应该去游泳馆等正规的游泳场所。

安全小卫士有话说

不要以为浅水区很安全

溺水不只发生在深水区，浅水区也会溺水。人的身体结构和水的特性，会导致人扎到水里引起呛水，进而发生溺水。曾经有孩子在齐腰深的海水中被浪头打翻而溺水，也有孩子在仅到小腿处的水中跌倒，因为呛水进而导致溺水。

不要以为有大人陪同就安全

即使有大人带着我们去野泳也不安全。有些大人不会游泳，有些大人不会救援方法，还有些大人缺乏防范意识，这些都会导致我们出现危险时，无法得到及时正确的救助。

不要认为游泳圈万无一失

游泳圈、橡皮艇、浮床等可以保证我们在游泳中的安全，但是如果它们的质量差、有磨损，甚至是漏气了，这时候我们又远离岸边，仍然是很危险的。

不擅自下水施救

如果我们没有学过水上救援技术，千万不可以贸然地下水救人，应该大声呼喊"救命"，请求大人们的支援。同时应该去寻找救生设备，比如游泳圈、木板、竹竿、皮球等，及时扔给溺水者。

牢记安全小口诀

戏水游泳真好玩，
河边池塘不要去。
浅水也会有危险，
莫要迷信游泳圈。

下列说法中哪些是正确的？请你在正确答案后面的括号里画"√"，并说出你的理由。

① 夏天到了，好想去游泳、玩水，去哪里才安全呢？（多选）

A. 有救生人员巡逻的海滨浴场（　　　）

B. 有"禁止游泳"标识的公园湖泊（　　　）

C. 具备经营许可证的游泳馆（　　　）

D. 山谷中不知名的小水潭（　　　）

② 我不会游泳，小伙伴喊我和他一起下河玩水，我该怎么做？（多选）

A. 拒绝下河（　　　）

B. 和他一起下水，反正他会游泳（　　　）

C. 劝说小伙伴不要下水（　　　）

D. 拉着小伙伴一起去其他安全的地方玩（　　　）

③ 我在岸边看到有个小朋友掉进水里了，正确的做法是？（多选）

A. 去附近找大人来救他（　　　）

B. 寻找竹竿、游泳圈之类的东西扔给落水的人（　　　）

C. 不管三七二十一，跳下水救人（　　　）

D. 大声喊"救命"，让路过的人来救他（　　　）

安全教育小锦囊

我们平时要告诫孩子，不可以私自或者结伴去野外玩水、游泳。陪同孩子戏水、游泳时，要时刻看护好孩子。比如，和孩子一起游泳时，大人和孩子之间的距离最好保持在一臂以内。此外，我们要学习并掌握人工呼吸和心肺复苏等急救方法，以备不时之需。

正确答案：1. A C　2. A C D　3. A B D

这才是孩子爱看的安全自救书

2 · 游乐设施并不都是安全的

安全小故事

浩浩放学后就跑去小区的游乐场玩。他攀上滑梯，屁股还没坐稳，身后有个小朋友不知怎么撞了他一下。浩浩脚下一滑，从滑梯上摔了下来，头磕在了地上，流了很多血。

 安全警示灯：为什么在小区游乐场玩耍时要注意安全？

小朋友，你是不是很喜欢去小区的游乐场玩？那里有滑梯、跷跷板、秋千等，它们虽然好玩，但你也要注意安全。因为这些设施经过风吹日晒，很容易出现生锈老化、零件损坏的情况，具有安全隐患。在玩耍的过程中，如果和别的小朋友发生争抢，也很容易导致摔伤、挤压、踩踏等情况。

玩滑梯的姿势要正确

玩滑梯时双腿不要分开太大，下来后要立即离开。不要在滑梯上倒滑、站立、逆行，不要翻越护栏，不要争抢、拥挤。不要穿有抽绳的衣服玩耍，避免抽绳缠住脖子，或卡在缝隙处，以免发生窒息的危险。

玩跷跷板时要抓好扶手

玩跷跷板时要和小朋友面对面坐好，双腿放在跷跷板两侧，双手抓好扶手。打算离开时要提前告诉对面的小朋友，否则随意离开会导致对方摔下来受伤。

荡秋千时要抓紧绳索

荡秋千时不要站或者跪在座椅上，双手要抓紧绳索。上下秋千要在秋千停止的时候。玩的时候不要荡得太高，避免被摔伤。荡起时不要让绳索缠绕到一起，否则可能会被夹伤。

玩攀登架时要逐级攀爬

玩攀登架时要按照顺序，从低到高逐级攀爬。攀爬时要先用一只手抓稳高一级的架子，再向上爬。和别的小朋友一起玩时，不要在攀登架上打闹，避免失足跌落。

牢记安全小口诀

玩滑梯不要站立，
玩跷跷板要抓紧。
秋千不要荡太高，
攀登架要慢慢爬。

下列说法中哪些是正确的？请你在正确答案后面的括号里画"√"，并说出你的理由。

❶ 小区游乐场的滑梯，哪些玩法是错误的？（多选）

　　A. 和别的小朋友一起从滑梯上滑下去（　　　）

　　B. 站在滑梯扶手上（　　　）

　　C. 从滑梯上滑下来后，赶快离开（　　　）

　　D. 从滑梯下面向上爬（　　　）

❷ 玩跷跷板时，下面哪些做法是正确的呢？（多选）

　　A. 可以和别的小朋友背对着背玩（　　　）

　　B. 不想玩的时候可以直接跳下去离开（　　　）

　　C. 玩的时候双手要抓紧扶手（　　　）

　　D. 不能爬跷跷板（　　　）

❸ 荡秋千时，如果不注意会造成哪些伤害呢？（多选）

　　A. 站在秋千上可能会跌倒在地上（　　　）

　　B. 绳索缠绕在一起可能会夹伤人（　　　）

　　C. 在摇晃的秋千周围站着可能会被撞到（　　　）

　　D. 秋千没有停止时就下去可能会摔倒（　　　）

安全教育小锦囊

　　在孩子玩小区的游乐设施前，我们要检查一下设施是否牢靠。在孩子的玩耍过程中，尽量不要离开，要监督孩子不要做出危险动作，以防止发生意外。玩耍后回家要及时洗手、消毒，避免引起交叉感染。

正确答案：1.A B D　2.C D　3.A B C D

第五章　外出游玩要当心

103

安全小故事

亮亮坐上最喜欢的卡丁车，开了一圈又一圈，兴奋得大叫。忽然，他觉得有什么东西在拽他的身体，人不由得偏向了一边。原来是亮亮长外套的衣角被卷进车轴里，亮亮整个人重重地摔在了地上……

 安全警示灯：为什么在玩刺激的游乐设施时要当心？

小朋友，你喜欢玩过山车、海盗船、摩天轮、彩虹滑道、卡丁车等惊险刺激的游乐项目吗？这些项目虽然很刺激、很好玩，但是如果在乘坐的时候，没有遵守注意事项或者乘坐的姿势不对，很容易发生坠落、摔伤，甚至死亡等严重事故。

安全小卫士有话说

玩卡丁车时不要穿戴长外衣和长围巾

玩卡丁车时，不要穿长外衣，戴长围巾，女孩子不要穿裙子。如果有长发或者长辫子，要放进头盔里，防止在车辆行驶途中衣服和头发被卷入车轮，导致人身伤害。

玩碰碰车时不要把手脚伸到车外

乘坐碰碰车时身体尽量靠后坐，用后背抵住座位。行驶时双手要握紧方向盘，手、脚等身体部位不要伸到车外，避免碰伤、刮伤和擦伤。开车信号响过后，不能离开座位。

玩海盗船时要握紧安全把手

乘坐海盗船时除了要系好安全带外，运行时双手还要握紧安全把手或其他安全装置，设备运行过程中不要私自开启舱门。

坐过山车时身体要坐稳坐好

坐过山车时要在座位上坐稳坐好，系好安全带。在运行过程中不可以解开安全带，也不要站起来和别人打闹。

牢记安全小口诀

游乐设施危险多，
注意系好安全带。
衣服简单最保险，
眼镜钥匙交出去。

下列说法中哪些是正确的？请你在正确答案后面的括号里画"√"，并说出你的理由。

❶ 开卡丁车时，穿什么样的衣服和鞋子才安全？（多选）

　A. 拖鞋（　　　） 　　　　　B. 大摆的纱裙（　　　）

　C. 短外套和长裤（　　　） 　　D. 运动鞋（　　　）

❷ 乘坐过山车时，下列哪些做法是正确的？（多选）

　A. 身体不舒服时，不可以乘坐（　　　）

　B. 发生紧急情况时，可以解开安全带（　　　）

　C. 身上不能带框架眼镜（　　　）

　D. 乘坐时不可以和前后座的小朋友打闹（　　　）

❸ 玩碰碰车时，哪些动作很危险？（多选）

　A. 开车信号响过后，有事可以离开座位（　　　）

　B. 车出现故障，自行下车（　　　）

　C. 停车信号响过后，才可以离开碰碰车（　　　）

　D. 开碰碰车时可以把手伸出车外（　　　）

❹ 玩彩虹滑道时，什么姿势是安全的？（多选）

　A. 一边滑一边用脚蹭地面（　　　）

　B. 平躺在滑圈里，保持身体平衡（　　　）

　C. 两手紧紧抓住滑圈握把（　　　）

　D. 两腿尽量伸直，并抬起高于滑圈（　　　）

安全教育小锦囊

　　在带孩子玩游乐项目时，我们要考虑到孩子的承受能力。不要抱着让孩子锻炼胆量的想法鼓励或强迫孩子玩刺激性游戏。教育孩子在乘坐游乐设施时要听从工作人员的指挥，如果设施运行中出现故障，不要惊慌，更不要自行打开舱门，要在原地等待救援。

正确答案：1. C D　2. A C D　3. A B D　4. B C D

4 · 你最爱的水上乐园也藏着危险

安全小故事

夏日炎炎，爸爸妈妈带着平平去水上乐园玩。平平最喜欢的就是水上滑梯，刺激又有趣，每次都玩得不亦乐乎。

这次，他头朝下，趴在滑梯上想体验一把冲浪的感觉，重力的原因让他的速度越来越快。平平开心地大喊大叫起来，然后，只见他冲进滑梯下面的水池，一头撞在了池壁上，当场昏厥过去……

 安全警示灯：为什么在水上乐园游玩时要注意安全？

小朋友，到了夏天，你是不是想整天都待在清凉好玩的水上乐园里？但是，你知道这里也会发生危险吗？像水上滑梯等游乐设施，高度高，下滑速度快，如果姿势不正确，你就可能会从高处坠落或者被甩出去。另外，在水上乐园中还可能会发生摔伤、触电、溺亡等事故。

玩水上滑梯姿势要正确

水上滑梯最受小朋友欢迎，但千万不要做出站立、下蹲或头部朝下的滑行动作，也不要把身体伸出滑梯外，更不要在滑梯上逆行向上爬，这些都是危险的动作。

不要在造浪池的深水区活动

在造浪池里，不要跳水、潜水和嬉戏打闹，同时不要在造浪池中站立，避免波浪来临时将我们掀翻，出现溺水的风险。

漂流时双手要抓住船沿两边的扶手

在玩漂流时，除了要穿戴好救生衣和安全帽外，双手要抓住船沿两边的扶手，尤其是从高处下落的地方，要坐稳、扶好，保持好身体和船身的平衡。

玩充气船时不要带尖锐物品

在玩水上充气船和充气城堡时，身上不要戴着发夹等尖锐的物品，防止这些充气设备出现漏气的情况，以免发生危险。

牢记安全小口诀

滑梯姿势要正确，
造浪池中不站立。
漂流船中坐稳妥，
玩水远离排水口。

这才是孩子爱看的安全自救书

下列说法中哪些是正确的？请你在正确答案后面的括号里画"√"，并说出你的理由。

❶ 爸爸妈妈带我去水上乐园玩，哪些项目我不能玩？（多选）

A. 孩子专用的水上滑梯（　　）

B. 儿童专用水寨（　　）

C. 水流很急的漂流项目（　　）

D. 很多人挤在一起的充气游泳池（　　）

❷ 在水上乐园玩的时候，有哪些注意事项需要遵守？（多选）

A. 不符合自己身高、年龄的游玩项目不能玩（　　）

B. 漂流和坐船时要穿好救生衣（　　）

C. 很疲倦的时候也要继续玩（　　）

D. 暴雨、大风、闪电、打雷的时候，还可以继续玩水上的游乐设备（　　）

❸ 在玩水上游乐项目的时候，哪些动作是正确的？（多选）

A. 坐滑梯时紧跟着前面的小朋友滑下去（　　）

B. 远离充气城堡的凹陷处，避免受到挤压（　　）

C. 坐船时保持船身的平衡，不乱动（　　）

D. 在造浪池的外围玩耍，远离造浪的地方（　　）

安全教育小锦囊

　　我们在带孩子去玩水上游乐项目时，要避免去设施简单、粗陋、老旧的场所，防止设施可能存在的安全隐患造成意外事故。不要认为水上乐园的水不深，就放松了警惕。在孩子游玩的时候，不要让孩子脱离我们的视线独自玩耍。

正确答案：1. CD　2. AB　3. BCD

安全小故事

趁着暑假，爸爸妈妈带着悠悠去野外露营。这个露营地点人迹罕至，爸爸妈妈把帐篷扎在一条小河边上，方便悠悠在河水里玩水、抓鱼，悠悠可开心了。

当天傍晚，这里突然下起暴雨，河水的水位暴涨，把悠悠家的帐篷都冲倒了。爸爸妈妈手忙脚乱地抱着悠悠逃命，最后被大水逼到一块大石头上。爸爸焦急地拨打着求救电话，可是这个地方的手机信号实在是太差了。悠悠一家三口人被困在原地……

 安全警示灯：为什么在野外露营时要注意安全？

小朋友，你是不是很喜欢野外露营啊？听虫鸣，看星星，观日出，赏花海，还可以吃烧烤，追蝴蝶……但这美好的背后也有可能会遇到暴雨、山洪、雷电、雪崩等自然灾害。不仅如此，还可能遭遇蚊虫、毒蛇的侵袭。

安全小卫士有话说

不要在河岸、河床、沟底处扎帐篷

　　扎帐篷的时候，不要选择在靠近河岸的地方，也不要选择在干涸的河床、沟底、坡下、峡谷中央，避免遭遇山洪和泥石流灾害。

不要饮用生的河水、溪水和山泉水

　　野外的河水、溪水和山泉水不一定是清洁的水源，里面可能含有细菌和寄生虫。我们在露营时尽量喝自备的饮用水，如果迫不得已要喝，需要烧开后饮用。

不要食用野果、野菜，尤其是野生菌菇

　　误食野果、野菜，很可能会中毒。特别是各种野生菌菇，可能含有剧毒，绝不可轻易试吃。

不要在帐篷里生火取暖

　　不要在帐篷内点火烧炭取暖，很容易一氧化碳中毒。也不要在帐篷内点蚊香，容易引发火灾。

牢记安全小口诀

山谷河流大森林，
水火无情要注意。
野果生水不入口，
蛇虫鼠蚁要远离。

下列说法中哪些是正确的？请你在正确答案后面的括号里画"√"，并说出你的理由。

❶ 暑假准备去露营，去哪里更安全？（多选）

A. 去有正规资质的景区露营（　　　）

B. 在雨天和大风天气去河边露营（　　　）

C. 在汛期时，去某个山沟里露营（　　　）

D. 去开放露营的森林公园的草坪上露营（　　　）

❷ 野外露营时，应该选择在什么位置扎帐篷？（多选）

A. 在高坡上的一棵大树下（　　　）　　B. 选择背风的地方（　　　）

C. 在悬崖的下面（　　　）　　D. 在平坦、坚硬的地面上（　　　）

❸ 野外露营煮饭、烧烤、取暖的时候，需要注意些什么？（多选）

A. 在专门的地方点火烧饭（　　　）

B. 提醒爸爸，不要随便乱扔烟头（　　　）

C. 用过的炭火不彻底熄灭，就直接倒在地上（　　　）

D. 在篝火附近喷洒杀虫剂和防蚊喷雾（　　　）

❹ 野外露营玩耍时，如何防范被蛇虫鼠蚁伤害？（多选）

A. 尽量穿浅色的衣服，不在花丛和树丛中待太长时间（　　　）

B. 遇到蛇的时候，可以用"之"字形的路线逃跑（　　　）

C. 随身携带防蚊液，穿长裤和高筒鞋袜（　　　）

D. 身上有虫子时，用手弹开或吹走（　　　）

安全教育小锦囊

　　我们在带孩子去野外露营前，要选择安全的露营地点，准备充分的露营用品。教育孩子远离火源、电源、高山、悬崖和深水区等危险的地方，不要让孩子独自一人到处乱跑。

正确答案：1.AD　2.BD　3.AB　4.ABCD

6·小心会吃人的"冰"

安全小故事

一场大雪过后，小成和小伙伴们一起到户外玩雪。几个人把打雪仗、堆雪人玩了个遍，接着又看到湖边有人在钓鱼。有人提议说去湖面上滑冰，大家都跃跃欲试。

"这冰面结实吗？"小成不放心地问小伙伴。"肯定没问题，你看那边不是有个大人也在冰面上滑呢吗？"几个人在冰面上刚滑了没几分钟，只听见隐隐的"咔嚓"一声，小成踩的一片冰面突然断开，整个人掉进了冰冷的湖水里。小成的手死死扒住冰面，吓得大喊"救命"。

 安全警示灯：为什么在冰面上玩耍要注意安全？

小朋友，滑冰是一项既好玩又能锻炼身体的活动，但每年都会发生许多在野外掉入冰窟溺亡的事故。这主要是因为我们的肉眼无法确定冰面的承重能力。一旦踩在过薄的冰层上，人就会落入水中。而且在滑冰时不慎摔倒，很容易出现拉伤肌腱、扭伤韧带、骨折等情况。

在滑冰前要做好热身运动

在参加滑冰等冰雪运动前，要认真做好身体的拉伸等热身运动，充分伸展肌肉、肌腱和韧带，避免拉伤肌肉和韧带。

佩戴相关的运动护具

在滑冰之前要穿戴好相关的防护装备，比如护膝、护臀、护肘、护腕、头盔等护具，可以有效地降低身体的损伤概率。

不要去野外的河面上玩耍

不要在野外水域的冰面上行走、奔跑和滑行，特别是初冬季节的冰面并不结实，早春季节冰面已经开始融化，这些时候的冰面很容易断裂。如果在这样的冰面上玩耍，很容易发生危险。

落水时尽量让身体上浮

一旦掉入冰窟，要用双脚踩水，尽量使身体上浮，让头部露出水面。寻找较厚的冰面，用伏卧的姿势爬到冰面上去，然后用滚动或爬行的方式慢慢到达岸边后再上岸。

牢记安全小口诀

冰面玩耍很欢乐，
佩戴护具更安心。
野外冰面不要滑，
正规场所才安全。

下列说法中哪些是正确的？请你在正确答案后面的括号里画"√"，并说出你的理由。

❶ 在滑冰之前，我需要做哪些准备呢？（多选）

　A. 不需要做热身运动，我可以直接进场滑冰（　　　）

　B. 滑冰之前要检查好滑冰鞋的冰刀和鞋连接得是否牢固（　　　）

　C. 为了不被冻坏，我要戴好手套、帽子，还要穿好保暖的衣服（　　　）

　D. 我的滑冰技术好，可以不戴护膝、护肘和头盔（　　　）

❷ 放寒假了，好想去滑冰，去哪里比较安全呢？（多选）

　A. 公园里结冰的湖泊（　　　）

　B. 商场内的滑冰场（　　　）

　C. 室外的大型滑冰场（　　　）

　D. 路边结冰的河沟（　　　）

❸ 一旦发现所踩的冰面出现裂缝的时候，我应该怎么办？（多选）

　A. 大喊大叫，用力地踩着冰面逃跑（　　　）

　B. 慢慢地趴下或躺下，匍匐着爬向岸边（　　　）

　C. 站着不敢动（　　　）

　D. 冰面即将坍塌时，舒展四肢趴下或躺在冰面上，务必保持原地不动，并大声呼救（　　　）

安全教育小锦囊

　　冬天的时候，很多父母都会带孩子去野外滑冰。虽然有时候的确温度很低，冰面很厚，但也要万分小心，尤其要留心那些经常有人钓鱼的冰面，会有被凿开的洞。另外，如果孩子不小心摔倒受伤，出现脱臼、骨折等情况，不要自行处理，固定好受伤部位后再及时送到医院。

正确答案：1. B C　2. B C　3. B D

安全小故事

爸爸妈妈开着车，带着小天去野生动物园玩。小天最喜欢看熊，在他的强烈要求下，爸爸在黑熊区停下了车，小天把窗户打开，这样可以把不远处的熊看个清楚。

一头小熊晃晃悠悠地来到栅栏边。"爸爸妈妈，快看，小熊。"小天边喊边把半个身体探出车窗，想和小熊来个自拍。一头大黑熊跑了过来，眼疾手快的妈妈一把将小天拽进车内，爸爸慌忙启动汽车快速离开了。

 安全警示灯：为什么在野生动物园游玩要注意安全？

小朋友，野生动物园里有老虎、狮子等各种各样凶猛又珍稀的动物。它们虽然生活在动物园里，可并没有像宠物一样被人类驯服。它们的身体内仍然保留着野性，如果我们盲目地靠近它们，很容易遭到它们的攻击。

安全小卫士有话说

严禁下车

无论是乘坐游览车，还是坐私家车，在游览时都不要私自下车，不要打开车门、车窗看动物，也不要把头和手伸出车外，防止被动物袭击。

严禁惊扰

如果看到正在休息或者自己喜欢的动物，不要大声喊叫，也不要拍打玻璃或围栏，这样会让动物受到惊吓。动物处在发情期或哺乳期时，受到惊吓也会导致情绪暴躁，引起伤人的后果。

严禁投喂

随意给动物喂食，尤其是老虎、狮子等凶猛的动物，它们会争抢人手中的食物，很容易发生攻击人的行为。而且如果给动物喂它们不能吃的食物，会导致它们身体出现问题。

严禁使用自拍杆

拍照时不要使用自拍杆，伸出窗外的自拍杆很容易成为动物攻击的目标，给我们带来危险。和动物合影可以找爸爸妈妈帮忙。另外，拍照时不要使用闪光灯，避免刺激动物的眼睛。

牢记安全小口诀

游览车里看动物，
私自下车很危险。
不乱喂食不打扰，
保持距离不靠近。

　　下列说法中哪些是正确的？请你在正确答案后面的括号里画"√"，并说出你的理由。

① 想和野生动物亲密接触，怎么做才安全？（多选）

　　A. 动物园规定禁止下车的地方，不要下车去参观（　　）

　　B. 听从导游的安排，乘坐游览车参观（　　）

　　C. 可以打开车窗和天窗，探出身子看动物（　　）

　　D. 投喂食物，吸引动物过来（　　）

② 想和动物合影，哪些是错误的拍照方式？（多选）

　　A. 和动物合影时不要距离动物太近（　　）

　　B. 和凶猛、大型的动物合影时要小心谨慎（　　）

　　C. 使用闪光灯，这样拍出的效果比较好（　　）

　　D. 可以使用自拍杆和动物合影（　　）

③ 想要投喂动物，怎么做才正确？（多选）

　　A. 喂食的时候要和动物保持一定的距离（　　）

　　B. 去可以专门喂食小动物的区域（　　）

　　C. 游览途中可以随意下车去给动物投食（　　）

　　D. 可以把自带的给人吃的食物喂给动物（　　）

安全教育小锦囊

　　我们带孩子去野生动物园参观时，要全程陪同和看护，不要忽略孩子的安全。要提醒孩子，野生动物特别是猛兽的危险性，不要让孩子产生可以欺负、虐待动物的不正确认识。确保孩子在观赏和喂食动物时，与动物保持一定的安全距离。

正确答案：1.A B　2.C D　3.A B

8·在景区和父母走散了，不要怕

安全小故事

暑假里，妈妈带着慧慧去旅游。刚进景区，慧慧就兴奋地向前面那处山坡冲去。这时候，妈妈发现运动鞋的带子散开了，就蹲下去系好。可是，等妈妈爬上小山坡，却发现慧慧不见了。

前面是一片被树木遮挡的山道，妈妈一边呼喊一边寻找，就是不见慧慧的身影。焦急的妈妈只好报警求助……

 安全警示灯：在景区和父母走散时为什么不要乱跑？

小朋友，你一定喜欢和爸爸妈妈出门旅游吧？不过景区人多拥挤，很容易和爸爸妈妈走散。这个时候，不要慌张，也不要大哭大闹，更不要到处乱跑，否则会给爸爸妈妈寻找你增加难度。你要尽快想办法向人求助找到爸爸妈妈。

119

原地等候

如果和爸爸妈妈走散，就站在原地等候，他们一定会回来找你。如果四处乱跑，爸爸妈妈回来时会找不到你。

寻找游客服务中心

如果你能看得懂景区的指示牌，可以去找游客服务中心、检票口、出口等地方，这些地点有景区的工作人员，可以帮助你和爸爸妈妈取得联系，或者帮助你报警求助。

向景区内穿制服的人求助

景区内穿制服的工作人员，比如保安、保洁人员等，他们会带你前往游客服务中心或者警务室等地方寻求帮助。

不要一个人往人少的地方走

发现自己和家人走散时，不要独自一个人往别的地方走，特别是偏僻人少的地点，例如丛林、小路等。这些地方通常很危险，随意乱闯会迷失方向，更难求救。

牢记安全小口诀

景区失散不要急，
原地等候不乱跑。
工作人员能帮忙，
联系父母快回家。

下列说法中哪些是正确的？请你在正确答案后面的括号里画"√"，并说出你的理由。

❶ 在景区游玩，看到前面有美丽的风景，我怎么做才对？（单选）

    A. 独自一个人跑过去看（   ）

    B. 拉着爸爸妈妈一起去看（   ）

    C. 跟着人流往前走（   ）

    D. 用力挤到人群的最前面去看（   ）

❷ 在景区里走着走着，发现爸爸妈妈不见了，我该怎么做？（多选）

    A. 原地等待（   ）

    B. 向旁边巡逻的保安叔叔求助（   ）

    C. 独自一个人去找爸爸妈妈（   ）

    D. 向检票口的工作人员求助（   ）

❸ 在景区，因为拍照的事被爸爸批评了，下面哪些行为是错误的？（多选）

    A. 赌气一个人跑开（   ）

    B. 故意躲起来，让爸爸着急（   ）

    C. 虽然很生气，但仍紧紧跟在爸爸身边（   ）

    D. 去别的景点玩，和爸爸分开走（   ）

安全教育小锦囊

    景区内人流量大，我们要密切留意孩子的一举一动，可以使用"防丢绳"防止孩子走丢。还可以给孩子配备一部手机，或者给孩子佩戴可以定位的儿童电话手表。同时要和孩子约定，一旦走散要在原地等待，不要随意走动，更不要轻易相信陌生人。

正确答案：1.B 2.A B D 3.A B D

第六章

科学运动保安全

1·舞蹈，练习高难度动作要当心

安全小故事

　　老师教小雪和其他学生练习了一个下腰的动作。课程结束后，小雪回到自己家里继续练习。她刚刚完成了动作，正要站起来时，突然闪了一下腰，整个人摔在了地上。

　　小雪不仅疼得哇哇大哭，还觉得双腿麻木、无力。爸爸妈妈急忙把她送到医院，医生诊断后说小雪的脊髓受伤，将要面临下肢瘫痪的情况。

 安全警示灯：为什么说练习高难度的舞蹈动作时要当心？

　　小朋友，你喜欢跳舞吗？舞蹈中有很多高难度的动作，比如压腿、劈叉、倒立、下腰等。练习这些动作的时候，如果稍有不慎，很容易造成肌肉拉伤、关节扭伤、摔伤、骨折、脊髓损伤等危险，严重时会导致终身瘫痪。

安全小卫士有话说

一字踢动作重心要稳

练一字踢时，两条腿上下呈一条直线，如果重心不稳，就会摔倒。练习时，要注意将身体的重心稳定在一条腿上，再把另一条腿抬起，开始时幅度不能太大。

做倒立、下腰时注意力要集中

做倒立、下腰等动作时不要走神、说话、和其他人玩闹，一定要集中精神，防止在做动作的过程中出现岔气或意外事故等情况。

劈叉时不要速度太快

练习劈叉时，动作要缓慢、温和，刚开始可以尽量慢一点，像弹簧一样上下多压几次。不要急于求成用猛力下压，或者让非专业的人帮你下压，否则很容易拉伤韧带。

做侧空翻时不要在坚硬的地面

做侧空翻时，一定要铺上体操垫，不要直接在坚硬的地面上做。开始练习时，旁边一定要有专业的老师协助，以保证失败时，能在旁边接住你。

牢记安全小口诀

炫酷无比一字马，

不超极限慢慢练。

倒立下腰和空翻，

掌控幅度不强求。

下列说法中哪些是正确的？请你在正确答案后面的括号里画"√"，并说出你的理由。

1 踢腿和压腿的注意事项有哪些？（多选）

A. 踢腿时踢得越高越好（　　　）

B. 压腿时使用最大的力气（　　　）

C. 踢腿和压腿都需要循序渐进（　　　）

D. 压腿时不能使用蛮力（　　　）

2 如何练习劈叉效果好？（多选）

A. 最好穿具有防滑功能的舞鞋（　　　）

B. 练习时要慢慢地向下压（　　　）

C. 练习时最好让老师在一旁指导（　　　）

D. 练习时让别人帮忙用力下压（　　　）

3 练习下腰、倒立时，下面哪些做法是错误的？（多选）

A. 可以自己在家里做下腰的动作（　　　）

B. 刚开始学习舞蹈的时候就学习下腰和倒立等高难度动作（　　　）

C. 在老师的指导下练习倒立和下腰（　　　）

D. 做高难度动作前可以不做准备和热身活动（　　　）

安全教育小锦囊

　　给孩子选择正规、场地合格、有专业教师的舞蹈培训机构。孩子的身体还在发育之中，学习舞蹈中的高难度动作时，不可以独自练习，应该在专业舞蹈教师的辅导和看护下，循序渐进地从小幅度的动作开始做起。

正确答案：1.CD　2.ABC　3.ABD

2·蹦床，疯狂中注意安全

安全小故事

　　兰兰在九宫格型的蹦床区玩耍，开心地从一张蹦床跳到另一张蹦床上。在向前跳跃的时候，她的左腿伸进了蹦床边缘和框架之间，顿时感觉到腿部疼痛难忍，整个人一下子摔倒在蹦床上，抱着左腿大声地喊疼。妈妈急忙冲过去，把她送到医院。检查结果是兰兰的腿部骨折，需要手术治疗。

安全警示灯：为什么说玩蹦床容易受伤？

　　小朋友，你玩过蹦床吗？蹦蹦跳跳，虽然有趣，但也要注意安全。如果上弹后下落时，控制不好落脚点，很容易引起扭伤、摔伤，导致手部、腿部的脱臼和骨折，脊柱和头部的损伤，甚至会导致瘫痪。

这才是孩子爱看的安全自救书

不要用力过猛

蹦床的弹力会对儿童的胸腔、脊椎和腰椎产生很大的冲击力，一旦用力过猛，这种冲击力会引起脊椎等部位受损，很有可能会导致瘫痪。

远离蹦床上的其他人

有些儿童在蹦床上动作非常大，如果距离他们过近，蹦床的弹跳力会让身边的人瞬间失去平衡而摔倒或者被弹起，造成磕碰、受伤。

不要边蹦边吃喝

在玩蹦床的时候，不要一边吃东西、喝饮料，一边蹦跳，这样很容易呛到，发生窒息危险。

不要佩戴饰品

玩蹦床是一种剧烈运动，如果身上佩戴项链、手镯等饰品，身体很容易在蹦跳的时候被这些饰品刮伤，一定要在上蹦床之前先摘下来。

牢记安全小口诀

蹦床蹦床真好玩，
跳得太猛不安全。
远离他人自己玩，
玩完再去吃与喝。

下列说法中哪些是正确的？请你在正确答案后面的括号里画"√"，并说出你的理由。

① 玩蹦床时，下面哪些动作是危险的呢？（多选）

A. 头朝下跳进装满海洋球的池子里（　　　）

B. 双手叉腰，两脚分开与肩垂直，在蹦床上跳（　　　）

C. 爬到高处后，背对着朝下直接跳进海绵池（　　　）

D. 用手臂用力夹紧身体，在蹦床上跳（　　　）

② 玩蹦床时，我感觉有点饿、有点渴，我该怎么办？（多选）

A. 离开蹦床馆让妈妈带我去吃饭（　　　）

B. 一边蹦跳，一边让妈妈喂我吃东西（　　　）

C. 一边蹦跳，一边用吸管喝妈妈手里的饮料（　　　）

D. 停下来，去休息区吃点东西、喝点水，然后再玩（　　　）

③ 玩蹦床时，身边有很多小朋友正在疯玩，我该怎么办？（多选）

A. 去远离他们的蹦床区域玩（　　　）

B. 站在他们旁边，看着他们玩（　　　）

C. 不玩蹦床了，离开这里（　　　）

D. 凑到小朋友身边一起玩（　　　）

安全教育小锦囊

　　在孩子玩蹦床的时候，要让孩子穿好防滑袜。同时要做好全程的监护，避免孩子在玩的时候相互追逐打闹，或者做出从高处跳下等危险的行为。不要让孩子模仿高难度的动作，避免出现意外情况。

正确答案：1.A C　2.A D　3.A C

3·攀岩，不盲目

安全小故事

　　在攀岩馆里，西西正攀爬在5米高的岩壁上。只见她抬手抓住前面的岩石，抬腿踩在上面的岩石上，身体刚刚攀上了岩壁顶端，下面的工作人员突然放松了绳索，西西一下子从上面摔了下来，整个人"砰"的一声跌落到地上。

　　尽管地上有保护垫，可是西西仍然觉得腿疼得不能动弹，整个人也不能动了。妈妈急忙打了急救电话，将西西送到医院。医生确诊，西西的腰椎骨折，需要住院治疗。

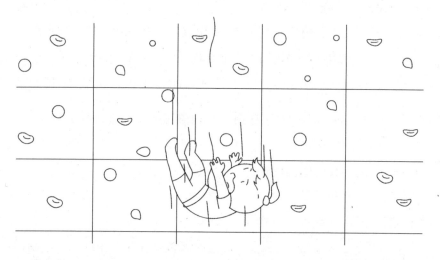

 安全警示灯：为什么说在攀岩的时候要循序渐进？

　　小朋友，你玩过攀岩吗？攀岩是一项有着高危险系数的体育运动，对体能的要求很高。儿童的肌肉力量还很弱，不能挑战过高的攀岩墙。否则一旦从高空跌落，容易引起手臂、腿部的关节受损。如果是脊柱和脊髓受伤，会导致高位截瘫甚至全身瘫痪。

注意前后左右的人

在攀爬时，要注意前后左右是否有人在移动，要看好路线，避免和别人发生肢体碰撞而受伤。

不要去够距离较远的岩石

不要试图伸手去够离自己比较远的岩石，否则很容易因为身体失衡，从岩壁上掉落下去。

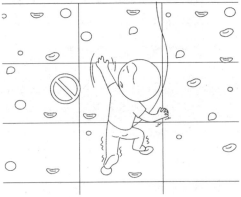

不要互相竞争

攀岩时不要和别的小朋友互相竞争，更不要为了超越别人而互相推挤，否则很容易发生意外事故。

体力不支时要及时和教练沟通

感觉体力不支的时候，需要及时和教练或工作人员做好沟通，在得到明确回应后再由他们指导自己下降，慢慢离开岩壁。在下降过程中，要注意避开正在向上攀爬的其他人。

牢记安全小口诀

高高岩壁要注意，
不要盲目去挑战。
不要推挤不要抢，
下降注意别碰人。

下列说法中哪些是正确的？请你在正确答案后面的括号里画"√"，并说出你的理由。

1. 如果攀岩途中，发现自己体力不支时应该怎么办？（多选）

　A. 坚持着继续向上爬（　　　）

　B. 及时告诉下面的教练或工作人员（　　　）

　C. 自己向下爬（　　　）

　D. 由教练或工作人员帮助自己下降，离开岩壁（　　　）

2. 结束攀爬时，下面哪些是离开岩壁的正确方法？（多选）

　A. 下去时面朝岩壁，身体略微向后倾斜（　　　）

　B. 一只手抓住绳子，一只手保护身体不碰到岩壁（　　　）

　C. 用脚蹬踩岩壁的方式掌握下降的速度和方向（　　　）

　D. 落地后拆除身上的保护装置，及时离开攀岩区域（　　　）

安全教育小锦囊

　　给孩子选择有经营资质的正规攀岩场馆。让孩子穿戴好安全保护装置，并且帮忙检查安全带等是否系好。在孩子攀岩时，要在一旁陪同，时刻注意孩子的安全。在孩子攀爬的过程中，可以对孩子进行安慰和鼓励，避免孩子出现惊慌和害怕的情况。

正确答案．1.B D　2.A B C D

4 · 玩健身器材，不做危险动作

安全小故事

　　小区楼下新添了几台健身器材，小恩登上一台转腰器，扶着把手转了几下。他看到别的小朋友没有扶把手，也把手放了下来，使劲扭了一下，结果因整个人站立不稳被甩了出去，头一下子就磕到了转腰器的铁柱子上，起了个大包。

 安全警示灯：为什么小孩子玩健身器容易受伤？

　　小朋友，你是不是也常常玩小区的健身器材？是不是也对那里各种各样的器材感觉很好奇，想要尝试尝试？不过，这些器材都是给大人准备的，并不适合小孩子用，如果姿势不正确，就容易摔倒、受伤。

玩转腰器时要扶住把手

玩转腰器时，要双手扶住把手，才能站在转盘上转腰。如果不扶把手，人在旋转中会因为失去平衡被甩下来，造成身体受伤。另外，用力过大还会拉伤腰部的肌肉。

玩立式荡板时不要荡得太高

玩立式荡板时，如果荡得太高、用力过猛，很容易从上面摔下来。摔下来后荡板如果继续摇摆的话，就会砸到我们的身体。

玩单双杠要抓牢

很多小朋友喜欢吊在单双杠上玩，如果抓不牢，或和别人说笑打闹，很容易坠落、摔伤。

不要把手和脚放进健身器材的缝隙里

不要好奇地把手和脚伸到健身器材的缝隙、接头、轴承等处。如果被卡住，会夹伤肢体或造成骨折。另外，也不要把身体挤进运行中的健身器械空隙，避免被挤压而造成受伤。

牢记安全小口诀

抓好扶手站得稳，
速度慢些更有利。
不要爬高保平安，
远离缝隙不受伤。

下列说法中哪些是正确的？请你在正确答案后面的括号里画"√"，并说出你的理由。

❶ 在玩转腰器时，下列哪些做法是正确的？（多选）

A. 双手抓住把手，站在转盘上转腰（　　　）

B. 用柔和的力度做扭转的动作（　　　）

C. 用很大的力气做扭转的动作（　　　）

D. 只站在转盘上转腰，不抓住把手（　　　）

❷ 玩漫步机和立式荡板的时候，下列哪些做法是错误的？（多选）

A. 速度越快越好（　　　）

B. 当别人在玩漫步机和立式荡板时，不要离得太近（　　　）

C. 在漫步机和立式荡板没有停下来时就可以跳下来（　　　）

D. 立式荡板可以当作秋千来荡（　　　）

❸ 在玩小区里的健身器械时，哪些动作是不应该做的？（多选）

A. 把头挤进腰背按摩器的空隙里（　　　）

B. 把手放在器材转动的轴承旁边（　　　）

C. 在腹肌板上面爬来爬去或走来走去（　　　）

D. 把身体钻进伸腰器里（　　　）

🖎 **安全教育小锦囊**

　　告诉孩子公共健身器材不是玩具，不能随意在上面玩耍。教会孩子用正确的方法使用健身器材，远离有故障的和正在运行的器材。在孩子使用健身器材时，一定要在旁边陪护，避免孩子独自使用健身器材时出现意外事故。

正确答案：1.AB　2.ACD　3.ABCD

5·滑板，掌握正确的姿势

安全小故事

小南在小区楼下练习滑板。刚滑了几米远，遇到一个同学和他打招呼，他想要从滑板上下来，慌忙之中，身体失去平衡，滑板被踩翻，人也摔在了地上……

 安全警示灯：为什么说玩滑板需要使用正确的姿势？

小朋友，滑板虽然是又酷又炫的极限运动，但危险系数也很高。如果上板、下板或者滑行时的姿势不正确，身体不能保持平衡，很容易摔下来导致受伤、骨折。如果摔到头部，甚至可能会致命。

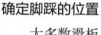
确定哪只脚先上板

确定哪只脚先踩上滑板，也就是说在滑行时哪只脚放在滑板的前面，叫作前脚。前脚可以是左脚，也可以是右脚，以感觉舒服为准。

确定脚踩的位置

大多数滑板上一共有8颗钉子，板头的一边叫前钉，板尾的一边叫后钉。先上板的那只脚要踩在后2颗前钉的位置上，如果踩得太靠前，就很容易摔倒。

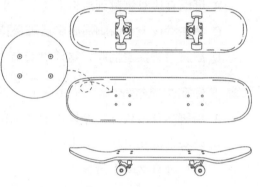

上板

身体站在滑板的一侧，前脚踩上滑板的板头，后脚踩在板尾处，然后旋转前脚，与后脚保持平行。注意后脚不能紧挨着前脚，这样非常不安全。

转移重心

在滑行时前脚的膝盖部位保持微微的弯曲状态，慢慢地将身体重心转移到前脚上，后脚蹬地后再踩到板尾处。滑行中想要转向，需要使用腰部、胯部和肩部来带动滑板。

牢记安全小口诀

想玩滑板勤练习，
前脚后脚确定好。
上板下板要熟练，
找好重心是技巧。

下列说法中哪些是正确的？请你在正确答案后面的括号里画"√"，并说出你的理由。

❶ 上滑板时，哪些动作是正确的？（多选）

A.站在滑板的一侧，前脚站在滑板前面的螺钉处，后脚踩在滑板板尾处（　　）

B.可以直接双脚跳到滑板上（　　）

C.站在滑板上，前脚需要和后脚保持平行（　　）

D.后脚要紧挨着前脚，这样更安全（　　）

❷ 下滑板时，该怎么做？（多选）

A.后脚离开滑板，靠摩擦地面来减速停下（　　）

B.前脚直接从滑板上下来（　　）

C.两只脚直接跳下滑板（　　）

D.旋转前脚，让前脚与滑板平行，后脚下板（　　）

❸ 玩滑板时，想要保持重心，需要注意些什么？（多选）

A.在滑行时让前脚的膝盖保持弯曲，让重心转移到前脚上（　　）

B.重心转移到前脚后，再让后脚蹬地，踩上滑板，开始滑行（　　）

C.想要让滑板转动方向，需要将重心转移到腰部、胯部和肩部（　　）

D.滑行时，重心需要一直保持在后脚上（　　）

安全教育小锦囊

　　最好给孩子报正规的滑板课。玩滑板时，让孩子穿戴好防护用具。尽量选择空旷、人少、平坦的场地，不要在潮湿和粗糙的路面上滑行。不要在马路上使用滑板，避免出现交通事故。

正确答案：1.AC　2.AD　3.ABC

这才是孩子爱看的安全自救书

6·轮滑，摔倒的姿势要正确

安全小故事

　　小义穿着新买的轮滑鞋，风一样在小区绿化带里穿行。他左躲右闪，觉得自己十分拉风，没注意到脚下有一块瓷砖翘起。轮滑鞋卡了一下，他整个人失去平衡，一屁股坐在地上，屁股好疼……去医院拍片，发现尾椎骨骨折了。

 安全警示灯：为什么说玩轮滑时要用正确的姿势摔倒？

　　小朋友，你喜欢玩轮滑吗？轮滑虽然相比其他运动来说不算难学，但初学轮滑，摔倒是不可避免的。如果在摔倒的一瞬间，你下意识地用双手撑地，手腕就容易受伤。如果你直接坐在地上，尾椎骨就容易骨折。只有掌握正确的摔倒姿势，才能避免、减少受伤。

向前摔倒

当要向前摔倒时，要主动地弯腰屈膝，压低重心，不要直接用手撑住身体，否则直接摔下去的力道会让手腕或手臂骨折。正确的姿势是膝盖、手肘、护掌依次着地，同时把头部抬高，避免下巴磕到地上。

向后摔倒

向后摔倒的危害要大于向前摔倒，如果不能避免向后摔倒，同样要尽量地屈膝下蹲，降低重心，尽量让臀部和大腿的一侧，还有手掌同时着地。避免只有尾椎骨着地，也不要让头部后仰磕到地面。

向侧面摔倒

当要向侧面摔倒时，除了降低重心，用整个身体向侧面摔倒外，还要避免单手支撑地面。

牢记安全小口诀

想学轮滑先学摔，
摔倒莫用手撑地。
下巴尾椎好脆弱，
全套护具不能少。

下列说法中哪些是正确的？请你在正确答案后面的括号里画"√"，并说出你的理由。

① 玩轮滑时，哪些跌倒的姿势容易受伤？（多选）

A. 向前摔倒时下巴着地（　　　）

B. 摔倒时用手腕支撑住身体（　　　）

C. 头部向后仰摔倒在地上（　　　）

D. 向后摔倒时尾椎骨先着地（　　　）

② 玩轮滑跌倒后，下面这些站起来的姿势中，哪些是正确的？（多选）

A. 用上肢支撑起身体，双手撑在地面上（　　　）

B. 抬起右腿或左腿，身体呈单膝跪地的姿势（　　　）

C. 双手交叠用力撑住先抬起来那条腿的膝盖，再抬起另一条腿站稳（　　　）

D. 站起前臀部尽量抬高，不要坐在小腿上（　　　）

③ 如何防止玩轮滑时摔倒受伤呢？（多选）

A. 避开沙地和有水的地方（　　　）

B. 避开行人很多的地方（　　　）

C. 要检查轮滑鞋的螺丝等紧固部件，以免滑行中因轮滑鞋出问题而受伤（　　　）

D. 穿戴好头盔、护肘、护手、护臀、护膝等全套护具（　　　）

安全教育小锦囊

　　如果孩子想学习滑轮滑，最好选择正规的培训机构和老师对孩子进行正规训练，如果没有正确的滑行姿势和技巧，很容易受伤。在孩子摔伤后，要及时去医院检查，以免延误治疗，加重损伤。

正确答案：1.ABCD　2.ABCD　3.ABCD

7·跑步，最好先做热身

安全小故事

由于路上堵车，等小凡到学校的时候，运动会的第一个项目接力跑马上就要开始了。恰恰小凡要跑第一棒，于是，他直接就上场了。

为了不在一开始就落后，小凡拼尽全力向前跑。刚跑了没几步，他感觉右腿小腿肚一抽一抽地疼，刚开始还能忍受，最后实在忍不了，只好停下脚步坐在了地上……

 安全警示灯：为什么说跑步前最好先做热身运动？

小朋友，你经常跑步吗？跑步是耐力型的运动项目。跑前如果不做热身，很容易出现腿部抽筋、脚踝扭伤等情况。肌肉在跑步时会堆积乳酸，从而出现腰腿部肌肉疼痛的症状。另外，跑步也可能会造成关节和肌肉的损伤。在跑步前进行热身和拉伸运动是必不可少的。

原地碎步跑

原地碎步跑可以在短时间内达到热身的效果。

原地波比跳或者高抬腿

可以原地做高抬腿动作，也可以做波比跳，这些动作都能快速达到热身的效果。

拉伸腰部

双脚打开，与肩同宽，左胳膊向上举起，向右侧弯10下。换右胳膊，同样的姿势向左侧弯10下。

慢跑或快走

转动手腕和脚腕后，可以慢跑或快走，也可以先慢走一会儿，再快走，然后逐渐加速到慢跑。

牢记安全小口诀

跑前热身不可少，
弯弯身体扭扭腰。
原地跑跑又跳跳，
保护关节跑得好。

下列说法中哪些是正确的？请你在正确答案后面的括号里画"√"，并说出你的理由。

1 如果不热身就跑步，会造成哪些危害呢？（多选）

A. 增加心脏的负荷（　　　）

B. 增加扭伤脚的概率（　　　）

C. 增加腿部抽筋的可能（　　　）

D. 身体的协调性差（　　　）

2 在跑步前做热身运动，下列哪些做法是错误的？（多选）

A. 热身运动做一两分钟就可以了（　　　）

B. 拉伸腿部感觉疼痛时，不能放弃，要用最大的力气继续拉伸（　　　）

C. 跑步前可以只拉伸小腿和脚，别的部位不需要拉伸（　　　）

D. 跑步前可以先慢跑 10 分钟（　　　）

3 跑步过程中突然感觉头晕、恶心，我应该怎么办呢？（单选）

A. 努力加油快跑（　　　）

B. 停下来，求助（　　　）

C. 跑慢一点，继续坚持（　　　）

D. 直接坐在地上或躺在地上（　　　）

安全教育小锦囊

　　要教会孩子跑步时使用科学的方法和技巧。尽量选择柔软、平坦的地面运动，不要去马路边或人多的地方。不要让孩子在雨天和高温天气跑步。告诉孩子，如果在跑步前或跑步时感觉身体不适，要立刻停止，并进行调整，以免导致身体出现问题，发生意外事故。

正确答案：1.A B C D　2.A B C　3.B

8·滑雪，避免碰撞受伤

安全小故事

爸爸带着晓峰去滑雪场滑雪。爸爸本来想要让晓峰去初级滑雪道学习一下，可是晓峰想要自己滑，就独自跑到中级滑雪道去了。

晓峰的滑行动作并不熟练，正在滑雪道上慢慢地适应着，突然被身后滑下来的一个人撞倒。两个人同时倒在地上，翻滚了几下才停下来。晓峰想要站起来，却一点也动不了，捂着右腿喊"救命"。爸爸赶紧跑过来把晓峰送进了医院，检查结果显示晓峰的右腿骨折，必须进行手术。

 安全警示灯：为什么说在滑雪时要避免碰撞？

小朋友，你在滑雪场滑过雪吗？滑雪运动虽然很受欢迎，但它的风险却比较大。很多滑雪事故都是因为滑雪者的身体受到撞击而导致的。如果撞上滑道边的护栏、大树，或者是被别的滑雪者撞倒，都有挫伤和骨折的危险。假如头部受伤，可能会导致死亡。

不要在不合适的滑道滑雪

滑雪时要根据自己的技能和水平选择相应的滑雪道。在没有掌握好安全停止和避开障碍物、行人等基本功前，不要急于上更高级别的滑雪道，更不要在滑道上快速地滑行。

不要独自去滑"野雪"

不要冒险去非雪场滑道的地方滑雪，比如树林、陡坡和深谷等，在这些地方滑雪十分危险。也不要去有"关闭"标识的滑道，一旦遇到危险，很难找到人求助。

和其他滑雪者保持距离

滑雪时尽量避免人多的地方，和他人保持距离，这样方便自己和其他人调整速度。后方滑雪者要避让前方滑雪者，不要阻挡前方滑雪者的路线，以免因避让不及发生碰撞。

摔倒时要用安全的姿势

滑雪过程中如果摔倒，不要随意挣扎，要及时扔掉滑雪杖，迅速降低重心向后坐下，避免头部向下和翻滚。可以抬起四肢，让身体弯曲，随身体向下滑动。

牢记安全小口诀

合适滑道去滑雪，
危险地方不要去。
保持距离不靠近，
学会摔倒保安全。

这才是孩子爱看的安全自救书

下列说法中哪些是正确的？请你在正确答案后面的括号里画"√"，并说出你的理由。

① 滑雪时哪些装备是必不可少的？（多选）

A. 一定要戴好头盔保护头部（　　）

B. 要戴上手套，防止冻伤（　　）

C. 要戴好雪镜，防风防雪（　　）

D. 要穿上防寒防水的滑雪服（　　）

E. 最好戴上护肘、护膝、护臀等护具（　　）

② 我第一次去滑雪，下列哪些做法是正确的？（多选）

A. 还没学会刹车，就快速地从别人身边滑过去（　　）

B. 直接去中级滑雪道滑雪（　　）

C. 滑雪时身后要有父母或教练的陪同才安全（　　）

D. 想休息时要尽快滑到雪道的两侧，不能在雪道中间逗留（　　）

③ 在乘坐雪地传送带的时候，哪些做法是错误的？（多选）

A. 乘坐传送带时不必站着，可以坐下（　　）

B. 到达顶端时身体向前倾斜滑下传送带（　　）

C. 乘坐传送带时可以使用滑雪板（　　）

D. 注意不要让衣物、头发、四肢等卷入传送带（　　）

安全教育小锦囊

　　教育孩子不要为了寻求刺激而冒险滑雪。在孩子滑雪时，家长应陪同在孩子的后方，做好保护工作。平时学习一些受伤和骨折后的处理措施。发现孩子受伤后，不要随意处置和搬动，应该尽快向滑雪场的救护人员报告，并及时将孩子送往医院。

正确答案：1.A B C D E　2.C D　3.A C

安全小故事

　　足球场上，晓辉从一个同学的脚下抢走了足球，带球向前跑，对方一个球员跑过来，想把球抢走。两个人你追我赶，互不相让。突然，晓辉感觉身体被对方撞了一下，没有站稳，一下子摔在了地上……

 安全警示灯：为什么说踢足球的危险性很大？

　　小朋友，足球可以说是最受欢迎的运动，但也是对抗性和风险性很强的运动。踢足球的过程中，队员之间常常会因为争抢而发生激烈的碰撞，不仅会引起皮外伤，还会导致关节脱臼、骨折等。

安全小卫士有话说

护腿板是必备

足球比赛通常会很激烈，对方球员可能会因为收腿不及时踢到自己的腿上，所以护腿板也是必须配备的运动装备。

避免摩擦

在踢球过程中，不要和对方有太多摩擦，这样才能保证双方出脚不重，最大限度地降低受伤概率。

慎用头球

当足球从空中飞来，用头去接，就好比被球砸了一下，对头部产生损伤是必然的。虽然 12 岁以下少年踢球的力量相对弱，但也要尽量保护头部。记住，不要和成年人一起踢球，他们脚下的力量不是你的小脑袋能够承受的。

牢记安全小口诀

足球比赛有危险，
护腿装备是必备。
减少摩擦少受伤，
用头接球要避免。

下列说法中哪些是正确的？请你在正确答案后面的括号里画"√"，并说出你的理由。

① 如何预防在足球运动中受伤？（多选）

A. 在踢足球前，不要空腹（　　　）

B. 准备踢球前最好做热身运动（　　　）

C. 佩戴必要的护具，比如护腕、护膝、护踝等（　　　）

D. 尽量选择用脚内侧或者外脚背去接触球（　　　）

② 在足球对抗摔倒中，正确的自我保护动作有哪些？（多选）

A. 前滚翻，在接触地面前用双手保护好头部和颈部（　　　）

B. 从对方脚下抢球时，要看准时机，躲开踢蹬（　　　）

C. 后滚翻，倒地时低头、收下颌，团身、收腹、屈腿（　　　）

D. 侧滚翻，用肩部和背侧面着地，手掌不要硬撑地面（　　　）

③ 足球比赛中，下列哪些不属于"合理冲撞"？（多选）

A. 冲撞时，使用肘关节顶击对方（　　　）

B. 对方出言不逊，想办法顶撞进行报复（　　　）

C. 冲撞时，人必须以球为目标，向球跑动（　　　）

D. 冲撞时，手臂必须紧贴自己的上身侧面（　　　）

E. 不得用力猛撞或做带有危险性的动作（　　　）

安全教育小锦囊

尽量为孩子选择正规的足球场地进行练习。家长须叮嘱孩子在踢球前拉伸关节和韧带，避免运动中抽筋或受伤。教育孩子在踢球时要遵守比赛的规则，避免剧烈的碰撞和争抢导致身体受伤。

正确答案：1.A B C D　2.A B C D　3.A B

这才是孩子爱看的安全自救书

150

第七章

遇到自然灾害快快逃

1·洪水来了如何逃生

安全小故事

杉杉家所在的小村庄在夜色中，被洪水瞬间吞噬。幸运的是，杉杉在横冲直撞中抱住了一棵白杨树。

杉杉拼了命地往树上爬，然后死死抱住白杨树。雨一直在下，周围一片漆黑，水位不断上涨。杉杉又冷又饿，既害怕又伤心，有好几次要睡过去了，又猛然惊醒。终于，在坚持了九个小时之后，救援人员来了……

 安全警示灯：为什么要警惕洪水？

小朋友，每当夏天到了，很多地区就会常常有洪水造访。洪水来势凶猛，几乎瞬间就能把田地、房子、道路吞没，更别提人了。人一旦被卷入水中，又没有抓住漂浮物或者固定物，就会溺水身亡。

安全小卫士有话说

远离临时围墙和建筑

远离建筑工地的临时围墙，也不要站在很容易被冲塌的临时建筑物旁。

牢牢抓住漂浮物

如果落水，不要惊慌，尽量抓住身边任何露出水面的漂浮物，如木板、箱子、衣柜等。

往高处躲

洪水暴发多是瞬间发生的，如果来不及逃跑，就往高处躲，比如爬到屋顶、大树、楼房高层等地方躲避。还要避开涵洞、桥下等低洼地区。

远离电源

发生洪水时，要远离一切电源，如电线杆、高压电线、变压器等。因为水是导体，待在电源附近，很可能会发生电击。

牢记安全小口诀

洪水来时不要慌，
远离低洼高处走。
逃生抓紧漂浮物，
水中漩涡要避开。

下列说法中哪些是正确的？请你在正确答案后面的括号里画"√"，并说出你的理由。

1 洪水来临时，哪一种做法是安全的？（多选）

A. 爬到土坯房的房顶（　　　）

B. 爬到大树上（　　　）

C. 牢牢抱住电线杆（　　　）

D. 爬到水泥房子的高层（　　　）

2 洪水来临，人在转移时，可以携带哪些物品？（多选）

A. 保暖的衣物（　　　）

B. 大澡盆、篮球（　　　）

C. 罐装饮料、面包（　　　）

D. 喜欢的玩具、故事书、零花钱（　　　）

3 落入洪水中，怎样做才是正确的？（多选）

A. 屏住呼吸，试一试能不能站起来（　　　）

B. 胡乱挣扎（　　　）

C. 踢掉鞋子，双脚往下踩，双手拍打水面（　　　）

D. 迅速观察四周，发现有露出水面的固定物体，向其靠拢（　　　）

安全教育小锦囊

到了汛期，特别是暴雨来临时，家长应该及时收听、观看气象预报，了解天气变化，并掌握当地政府发布的相关信息。做好家庭防洪准备，与孩子进行防洪演练，争取有备无患。

正确答案：1. B D　2. A B C　3. A C D

2 · 地震了如何自保

安全小故事

　　思雨正在和同学们上课。突然，桌椅开始晃动，老师让大家赶紧跑去操场。思雨慢了一会儿，来不及冲出教室，只好躲在课桌下面。铺天盖地的砖块落下，还好有桌子替她挡住了，没有受伤，但狭窄的空间让她难以动弹。

　　废墟下，只有黑暗和恐惧，思雨强迫自己冷静下来，尽量保存体力。下雨的时候，她就仰头接一点雨水。就这样度过了漫长的两天，终于等来了救援……

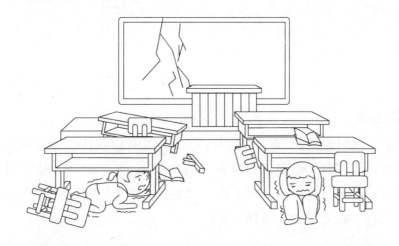

 安全警示灯：为什么要警惕地震？

　　小朋友，地震是一种常见的自然现象。全球每年大约发生 500 万次地震，平均每天就有上万次地震发生。大多数的地震我们是感觉不到的，但一旦发生大地震，就会产生强烈的震动，导致地面变形、建筑物倒塌。如果不及时逃生，就有可能被埋在废墟下。

这才是孩子爱看的安全自救书

跑到空旷的户外

地震发生时，如果家住平房可以迅速跑到空旷的户外。要迅速远离高大建筑物、过街天桥、电线杆、路灯、玻璃墙、大型车辆等，避免被砸伤。

不要站在易坠落物体下

当周围摇晃时，千万不能站在吊灯下、阳台上、吊顶下。可以迅速到床底、桌子下、结实的大衣柜里蹲下或坐下，并抓紧桌子腿等不易移动的物体。

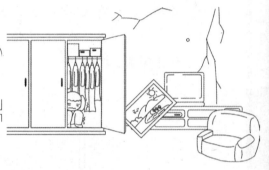

学校上课听指挥

在教室上课时遭遇地震，要听从老师的指挥，有序撤离教室。如果来不及撤离，可以蹲在课桌下，双手抱头，或用书包、衣物等遮住头部、后颈和眼睛。

敲击物体引救援

如果被困在狭小的空间中，不要哭喊大叫，消耗宝贵的体力，可通过持续地有节奏地敲击固体物来吸引救援。

牢记安全小口诀

地震来了去空地，
逃跑不及就近躲。
听从指挥不慌张，
静静敲击引救援。

下列说法中哪些是正确的？请你在正确答案后面的括号里画"√"，并说出你的理由。

① 当地震发生时，我们在高层的家中，应该躲到哪里？（单选）

A. 阳台（　　　）　　　　　B. 床上（　　　　）

C. 衣柜里（　　　）　　　　D. 客厅中央（　　　）

② 当地震发生时，我们在户外，应该躲到哪里？（单选）

A. 陡坡（　　　）　　　　　B. 桥上（　　　）

C. 河边（　　　）　　　　　D. 地势较高的空旷平地（　　　）

③ 地震发生时候，我们身处公共场所，应该躲到哪里？（单选）

A. 大楼的墙根处（　　　）

B. 店铺的橱窗旁（　　　）

C. 商场的柜台下（　　　）

D. 电梯里（　　　）

④ 被困在废墟中，我们怎样做才能自救？（多选）

A. 当锐器刺入身体时，赶紧拔出来（　　　）

B. 扯开嗓子大叫救命，吸引救援人员前来（　　　）

C. 可以喝自己的尿液解渴（　　　）

D. 用石块敲击旁边的铁管（　　　）

安全教育小锦囊

　　家长在平时要与孩子进行地震逃生演习，让孩子牢记家庭信息与家人的联系方式，以防灾后失散。告诉孩子，当地震来临时，要听大人和老师的话，保持冷静，不要害怕，坚信自己可以安全地活下来。

正确答案：1. C　2. D　3. C　4. C D

安全小故事

姐姐和弟弟妹妹正在客厅的沙发上午休，忽然闻到一股焦煳味，抬头看天花板上都是烟，回头看卧室里也被烟雾笼罩。

爸爸妈妈都不在家，姐姐没有慌乱，她带着弟弟妹妹摸索到卫生间，拿了三块毛巾，用水打湿。然后，她指挥弟弟妹妹弯着腰，一只手拿毛巾捂住口鼻，另一只手摸着墙壁，找到房门逃了出去……消防员赶到时，他们已经成功自救。

 ## 安全警示灯：为什么要警惕火灾？

小朋友，火灾非常可怕，会烧毁财物，造成人员伤亡。但是在火灾中，并不是只有火苗才会对人体产生危害，更可怕的是毒烟。在很多火灾事件中，因为烟气中毒死亡的人，比直接烧伤致死的人多得多。遭遇火灾时，一定要注意防烟。

辨别逃跑的方向

突遇火灾，一定要保持冷静，迅速辨别逃跑的方向。千万不要盲目地跟随人流，在拥挤中乱窜。

做好防护再撤离

用湿毛巾、衣服、棉被等捂住口鼻，防止烟气中毒，同时尽量使身体贴近地面。

关紧门窗等待救援

如果火在门外，且门把手已发烫，这时不要开门。应关紧门窗，用打湿的棉被等堵住门缝，在阳台、窗口处等待救援。

不要乘坐电梯逃生

发生火灾时，绝对不可乘坐电梯逃生，千万不要盲目跳楼逃生。

牢记安全小口诀

遭遇火灾不要慌，
捂住口鼻蹲下身。
看好方向再逃跑，
关紧门窗等救援。

下列说法中哪些是正确的？请你在正确答案后面的括号里画"√"，并说出你的理由。

❶ 发现家里烟雾弥漫后，下列哪些做法是正确的？（多选）

　　A.用湿毛巾捂住口鼻，弯着腰逃出去（　　　）

　　B.跑到楼下，请别人帮忙打119消防报警电话（　　　）

　　C.在屋子里大声哭喊（　　　）

　　D.抢救屋内的物品（　　　）

❷ 如果大火封住家门，楼层又太高，无法逃生，这时候应该怎么做才是正确的呢？（多选）

　　A.打开大门，呼喊"救命"（　　　）

　　B.用打湿的棉被等堵住门缝（　　　）

　　C.去阳台、窗户处躲避（　　　）

　　D.拨打119消防报警电话，等待救援（　　　）

❸ 高层建筑里发生火灾后，从哪里逃生是错误的？（多选）

　　A.从窗口跳下来逃生（　　　）

　　B.从楼梯逃生（　　　）

　　C.坐电梯逃生（　　　）

　　D.向楼上跑（　　　）

安全教育小锦囊

　　家长应教育孩子应对火灾和逃生的正确方法，平时和孩子进行火灾逃生的演习。告诉孩子，遇到火灾时逃生第一，不要因为抢救财物延误时间。家庭中可以购买灭火毯、灭火器等灭火器具和逃生绳等火灾逃生用品，并教会孩子使用，以备不时之需。

正确答案：1.A B　2.B C D　3.A C D

4·遭遇雷暴应该怎么办

安全小故事

畅畅和小朋友一起在户外的游泳池游泳，游着游着天渐渐阴沉起来，很快便乌云密布。小朋友觉得天气不好，提议离开，畅畅不愿意，想要再多游一会儿。

泳池里没有了人，畅畅在水里游得正欢，天空中突然响起"轰隆隆"的雷声，闪电照亮了天空。畅畅还没反应过来，就被雷电击中，倒在了游泳池里。

 安全警示灯：为什么要警惕雷暴天气?

小朋友，雷电作为灾害性天气之一，在自然界中是有名的"暴脾气"。它一言不合就放电，而且威力巨大。雷电的电压高达 1 亿 ~10 亿伏，而我们人体最高能承受 36 伏的电压。由此可见，如果被雷电击中，后果有多严重了。

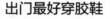
不要在室外使用带金属的物体

在室外时，不要高举有金属柄的杆状物体，不要使用任何带有金属的物品，避免被雷电击中。

出门最好穿胶鞋

如果雷暴天气需要出门的话，最好穿胶鞋，这样可以对雷电起到绝缘的作用。

不要在室外空旷地带逗留

当遇到雷暴天气时，最好进入建筑物或汽车内躲避。不要在室外空旷地带和山顶、楼顶等高处停留，尽快远离水面、岸边，不要靠近树木、高墙等高大物体和金属栏杆、铁轨、电力设备等金属设施。

在室内关闭门窗

打雷时，在室内要关好门窗，远离门窗、阳台、外墙、电话线、电源线等。不要靠近水管、暖气管、煤气管、暖气片等金属管道和其他金属物体，不要使用电器。

牢记安全小口诀

打雷最好进室内，
远离高处和水源。
金属物体都避开，
关好门窗保平安。

下列说法中哪些是正确的？请你在正确答案后面的括号里画"√"，并说出你的理由。

❶ 在户外时遇到了雷暴天气，下列哪些做法是正确的？（多选）

　A. 跑到最近的商场里面（　　　）

　B. 待在大树底下（　　　）

　C. 站在积水的广场上（　　　）

　D. 待在汽车里面（　　　）

❷ 冒着雷雨回家后，不可以做什么？（多选）

　A. 使用太阳能或电热水器洗澡（　　　）

　B. 关闭门窗（　　　）

　C. 触摸家里的水管和暖气管（　　　）

　D. 关闭所有电器的电源（　　　）

❸ 正准备出门去外婆家，但是突然打雷了，该怎么办？（多选）

　A. 改时间去（　　　）

　B. 乘坐地铁去（　　　）

　C. 骑自行车去（　　　）

　D. 走路去（　　　）

安全教育小锦囊

　　家长应教育孩子在野外遇到雷暴天气时，如果在森林里，要远离高大的树木。如果在空旷的田野里，要去寻找低洼、平坦的地方躲藏。如果无处躲藏，要立刻下蹲，低头，双脚并拢，双手抱膝，缩小身体体积和接地面积，以减少雷电带来的危害。

正确答案：1. AD　2. AC　3. AB

安全小故事

放学时，天空乌云密布，狂风大作。小远骑车回家，开始是顺风，大风把她吹得停不下来，她还觉得很好玩。

可是，拐了一个弯儿后，风向就变了，自行车不老实了，开始在大风中横冲直撞。小远有点害怕，用力按住刹车，放下双脚减速，但自行车还是停不住，结果连人带车摔倒在地上。

 安全警示灯：为什么要警惕大风天气？

小朋友，你是否注意过气象台发布的大风天气蓝色预警？这是在提醒我们注意出行安全，因为如果在大风中侧风骑行，可能会被大风吹倒。还有安装不够牢固的广告牌、干枯的树枝等，都可能会被大风吹倒、折断，老旧楼房阳台上的花盆等东西也很容易从高空坠落，对行人造成危险。

安全小卫士有话说

不要骑自行车

在大风天气中骑自行车，车子很难被控制，而且风太大也容易看不清路，很容易摔倒受伤。

不要贴墙走

如果大风天气必须出门的话，一定避免贴墙走，尤其是一些老旧楼房的阳台上经常堆满杂物，外墙瓷砖松动，遮雨棚年久失修，很容易发生高空坠物。

远离大树、广告牌和路灯

刮大风时，不要靠近大树、广告牌、电线杆、路灯等，避免被砸、被压或者触电。

不要在室外游泳、戏水

大风来临时，不要在水面或岸边活动，包括游泳、戏水、观潮、钓鱼、乘船等，要立刻上岸躲避，否则很可能会被巨浪夺走生命。

牢记安全小口诀

大风天气少出门，
走路远离老旧楼。
远离大树电线杆，
放弃骑车少受伤。

下列说法中哪些是正确的？请你在正确答案后面的括号里画"√"，并说出你的理由。

1 大风天出门，走在哪里很危险？（多选）

A. 挨着工地的铁皮围挡走（　　　）

B. 挨着路边的大树走（　　　）

C. 在老旧居民楼下走（　　　）

D. 站在广告牌下等车（　　　）

2 大风天气时，去哪里玩是很危险的？（多选）

A. 和大家一起去江边观潮（　　　）

B. 和小朋友去楼顶玩耍（　　　）

C. 在室内玩（　　　）

D. 在家门口的老树下面玩（　　　）

3 大风天气出门，选择哪种交通方式比较安全呢？（多选）

A. 坐地铁（　　　）

B. 走路（　　　）

C. 乘坐小汽车或者公共汽车（　　　）

D. 骑自行车（　　　）

安全教育小锦囊

　　家长要教育孩子，在大风暴雨天气里尤其要注意高空坠物的危险，走路的时候要注意避开危险的路段，不要靠近建筑物、广告牌、大树、电线杆等具有安全隐患的地方。起风时要及时关窗，收好花盆和其他杂物等可能因为风大而刮落的物品。

正确答案：1. A B C D　2. A B D　3. A C

6·遭遇泥石流时该怎么办

安全小故事

一场大雨过后，茜茜正在山谷中追着一只蝴蝶跑，身后的爸爸突然听见远处传来雷鸣般的声音。爸爸顾不得拿放在不远处的旅行包，拉起茜茜就往旁边的山坡上跑。

两人爬到半山腰回头一看，只见刚才游玩的山谷里，山洪裹挟着泥沙、石块飞流直下。茜茜和爸爸一直爬到山坡的最高处，确认安全后，才终于松了口气。

 安全警示灯：为什么要警惕泥石流？

小朋友，也许你没有亲眼见过泥石流，但一定听说过泥石流，或者在新闻报道上看到过泥石流。它往往突然暴发，且来势汹汹，裹挟着泥沙、石块的洪流，在山谷间奔腾咆哮，非常可怕。如果在野外游玩遇到，只有一个字：跑！

往两侧的山坡上跑

如果在谷底游玩，遭遇泥石流，立刻往与泥石流呈垂直方向的两侧山坡上跑，越快越好！千万不要选择顺着泥石流的流向逃生。

往树木密集的地方逃

逃生时可以就近前往有密集树木的地方，不可往地势空旷、树木稀疏的地方逃生。

往地质坚硬的地方跑

疏松的土层，或者有很多碎石的地方容易被泥石流冲毁，要选择往地质坚硬的地带逃生。

迅速抱住身边的树木

当无法继续逃离时，应迅速抱住身边的树木等固定物体，但不要爬到树上躲避。

牢记安全小口诀

雨后谨防泥石流，
沟谷山脚不逗留。
沟岸两侧向上爬，
越远越高越安全。

这才是孩子爱看的安全自救书

下列说法中哪些是正确的？请你在正确答案后面的括号里画"√"，并说出你的理由。

❶ 泥石流形成的条件，下面说法中哪些是正确的？（多选）

A. 连续暴雨（　　）

B. 地势陡峭（　　）

C. 大量融雪（　　）

D. 泥沙、石块等堆积物较多（　　）

❷ 泥石流发生前的征兆有哪些？（多选）

A. 上游突然传来异常轰鸣声（　　）

B. 河床中的水忽然断流或者增大（　　）

C. 山体变形（　　）

D. 河床中的水变浑浊（　　）

❸ 发现有泥石流迹象时，怎样的做法才是正确的？（多选）

A. 躲在山沟里的大石头后面（　　）

B. 向两边的山坡上面爬（　　）

C. 躲到远处的高地上（　　）

D. 顺着山谷出口往下游跑（　　）

安全教育小锦囊

在下雨时，尽量不去山区、河谷等地方，避免遭遇泥石流和山体滑坡。家长应教会孩子识别泥石流发生的前兆，发现有泥石流的迹象时应该尽快向安全地带撤离，使用通信工具向外界求助，不要携带沉重的物品，必要时舍弃财物，以免影响逃生的速度。

正确答案：1. A B C D　2. A B C D　3. B C

安全小故事

　　小斌和小伙伴们一起去海边玩，站在海边的礁石上，几个人一直在拍照。等到他们回过神来，才发现周围的海水不仅将脚下的礁石淹没，而且已经超过了他们的膝盖，来时的路早就看不见了。

　　脚下的海水越来越高，海浪越来越大，小斌他们不敢贸然涉水，便迅速掏出手机报警求助。警察火速赶来，终于把体力不支的几个人救回岸边。

 ## 安全警示灯：为什么要警惕涨潮？

　　小朋友，你在海边开心地玩耍时有没有注意过潮水的起落呢？当海水涨潮的时候，海岸边裸露的礁石就会被潮水淹没。如果这个时候我们站在礁石上，就会被海水围困，如果得不到及时救援，就会有溺水的危险。

观潮时不去危险区域

每个农历月的初一和十五前后容易出现大潮。潮水凶猛时，海边和江边的沿岸、礁石、堤坝、江滩等地方都非常危险。观潮时要注意岸边的警示标识，选择安全的区域或地段。

赶海要看潮汐表了解涨潮时间

赶海时如果对潮汐规律不熟悉，很容易在涨潮时被困。去海边或江边玩时，要提前通过媒体、景区的指示牌或工作人员了解涨潮时间。

被困时不要盲目涉水或者游泳上岸

一旦被困在礁石上，不要盲目地游泳上岸，否则很容易因为不了解地形被周围的暗礁所伤。被困后，应该保持冷静，及时拨打手机报警，或者大声地向岸边的人求助。

牢记安全小口诀

潮水有起又有落，
观看要找安全地。
了解潮汐的规律，
被困及时把人喊。

下列说法中哪些是正确的？请你在正确答案后面的括号里画"√"，并说出你的理由。

❶ 去海边游玩时，下列哪些做法可以防止被潮水围困？（多选）

A. 注意当天的天气预报和潮汐预报（　　）

B. 不要在礁石上待太长时间（　　）

C. 时刻关注海水的变化（　　）

D. 留意岸边的指示牌和潮汐塔（　　）

❷ 在海边游玩时，如果发生涨潮，哪些地方容易遇到危险？（多选）

A. 海边堤坝的护栏外（　　）

B. 近海的礁石上（　　）

C. 离海岸线较远的沙滩（　　）

D. 警戒线提示的危险区域（　　）

❸ 如果遇到海水涨潮，被困在礁石上，应该怎么做才是正确的？（多选）

A. 会游泳的人可以游回岸边（　　）

B. 如果有大浪袭来，要屏住呼吸（　　）

C. 站在原地，大声向岸边的人求救（　　）

D. 站在原地，用手机向警方求助（　　）

安全教育小锦囊

在去海边游玩时，家长要掌握好涨潮时间，听从工作人员的引导和管理。在涨潮时不要靠近海岸线或海边堤坝，不要在海边玩耍、观浪、观潮、游泳，避免被卷入海中，出现意外。

正确答案：1. A B C D　2. A B D　3. B C D